奇妙的数学符号

数学符号的发明及使用比数字要晚，但其数量却不少。现在常用的数学符号已超过了 200 个，每一个符号都有一段有趣的经历。比如加号，古埃及数学家阿默士用自己的方式“向右的两条腿（、、）”来表示；古希腊数学家丢番图以两数并列表示相加，有时候用斜线“/”表示；中国古代数学是以文字表述的。目前通用的加号“+”，是由德国人于 15 世纪最早开始使用的。

数字黑洞

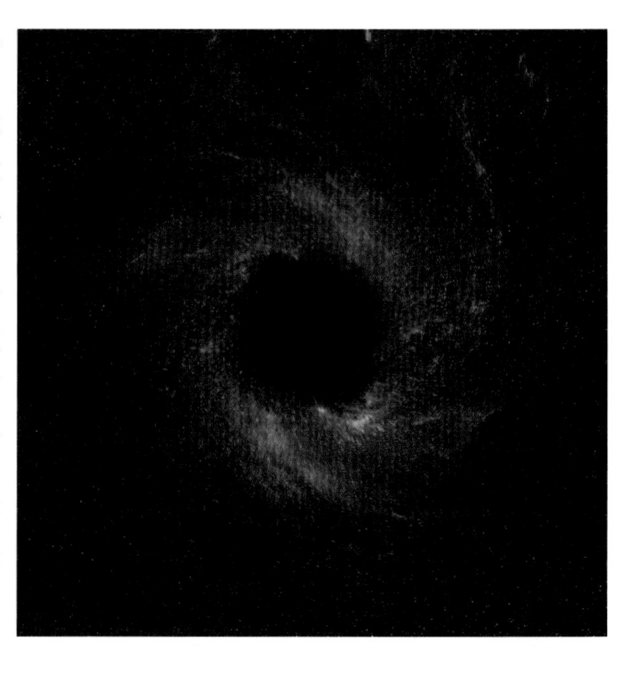

茫茫宇宙中，存在着一种极其神秘的天体——黑洞。黑洞的物质密度极大，引力极强。任何物质经过它的附近，都会被吸进去，包括速度最快的光。在数学中也有类似的黑洞现象，比如，6174数字黑洞。

任意选一个四位数（数字不能全相同），把所有数字从大到小排列，再把所有数字从小到大排列，用前者减去后者得到一个新的数。对新得到的数重复上述操作，7 步以内必然会得到 6174。

比如四位数 3634，把它的所有数字从大到小排列是 6433，从小到大排列是 3346：

6433−3346=3087

8730−0378=8352

8532−2358=6174

看，数字 3634 掉进了“6174 数字黑洞”，这个数字黑洞又叫卡普雷卡尔常数。

三位数里也有一个数字黑洞——495。你不妨试一试。

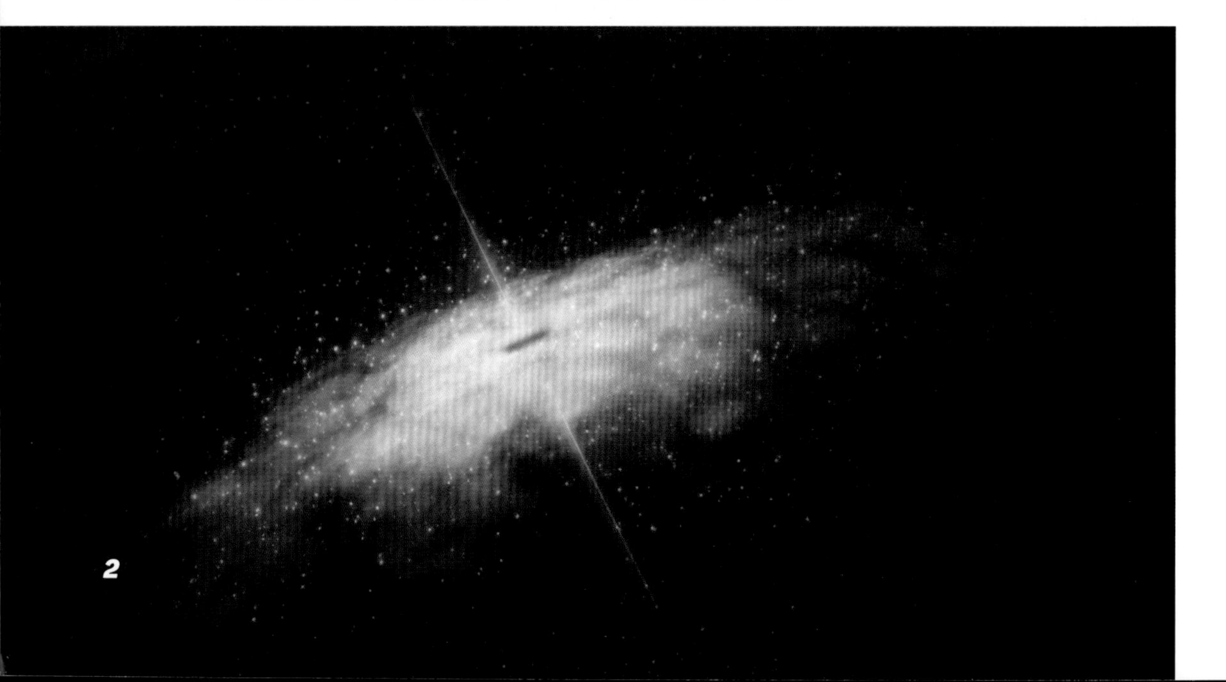

冰雹猜想

《华盛顿邮报》曾经在1976年头版头条报道过一条数学新闻。文中讲述了这样一个故事：20世纪70年代中期，美国许多名牌大学校园内，人们都夜以继日、废寝忘食地玩一种数学游戏。这个游戏十分简单：任意写出一个自然数 N（$N \neq 0$），然后按照以下规律进行变换：

如果写出的是个奇数，则下一步变成 $3N+1$。

如果写出的是个偶数，则下一步变成 $N/2$。

对变换后得到的数字重复上述操作。

不只是学生，大学里的许多教师也纷纷加入这个游戏。为什么这个游戏如此有魅力？因为人们发现，无论 N 是怎样一个非零自然数，按照上面的规则运算之后，最终都无法逃脱数字1。准确地说，是无法逃出落入底部的4–2–1循环。这就是著名的“冰雹猜想”，因为当数字变化到峰值以后，会像降冰雹一样迅速变成4，然后变成2，最后变成1。

这个猜想吸引了很多数学家投身其中，但直到现在都没人能证明这个猜想是否对所有数成立。

你可以试着列出几个数字（假如你想用100以内的数字，千万不要用27或者54，否则你会被累坏的），按照上面的规则做一下该游戏，看最终是否会变成4–2–1。

你列举的数字需要经过几步才能回到数字1呢？

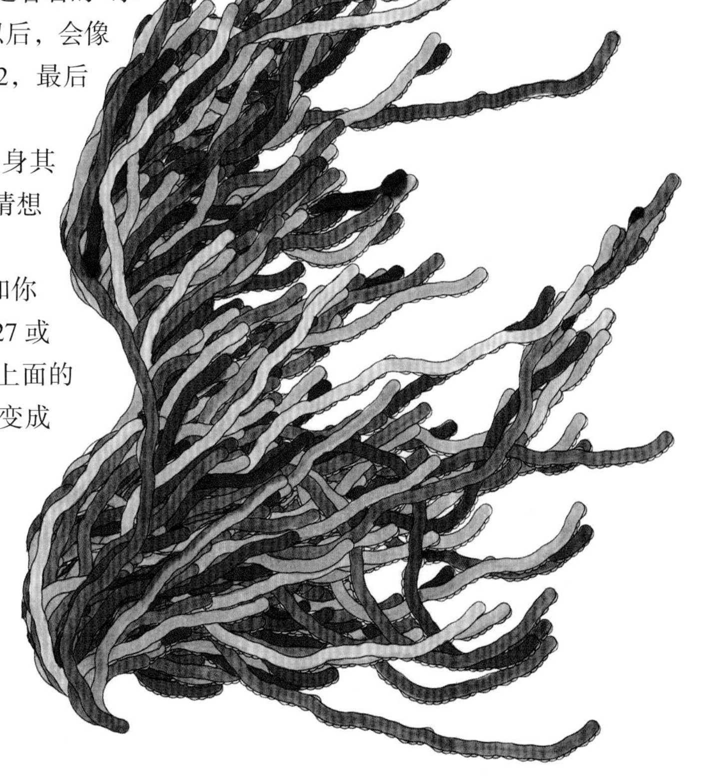

这是包含10000以下所有数字“降冰雹过程”的图像，看起来像海藻网。

196 谜团

如果一个数正着写和反着写都一样，我们把它叫作“回文数”，比如 363、2112 这样的数字。随便选一个数，不断加上把它反过来写的数，最终能得到一个回文数。例如，选一个数字 67，仅用两步就可以得到一个回文数 484：

67+76=143

143+341=484

484 就是一个回文数。

把 69 变成一个回文数需要四步：

69+96=165

165+561=726

726+627=1353

1353+3531=4884

4884 也是一个回文数。

有些数需要经过漫长的旅途才能得到一个回文数。但是，有一个神秘的数字，一旦你用这种方法启动它，它就会漫无目的地漫游下去，永远也不会到达一个回文数。这个数是 196。你可以试一下，看看你能算多少步。

外星人都在哪儿?

1950年，诺贝尔奖得主、物理学家恩利克·费米（1901—1954）在和别人讨论飞碟及外星人的问题时，说了一句：“他们都在哪儿呢？”如果银河系存在先进的地外文明，科学推论可以证明，外星人的进化要远早于人类，那么他们应该已经来到地球了，可为什么我们连飞船或者探测器之类的证据都看不到？

这就是著名的“费米悖论”。

“费米悖论”在天文学界有着相当大的影响，因为它是基于科学的推测：银河系的年龄约有100多亿年，而银河系的空间直径却只有大约10万光年，就是说，即使外星人仅以光速的千分之一翱翔太空，他们也不过只需1亿年左右的时间就可以横穿银河系。但我们从未探测到任何外星人的信息。

上文中提到的“光年”是长度单位，是指光行走一年的距离。光是宇宙中已知运动速度最快的物质。已知光速是300000km/s，假如外星人可以达到光速前进，你知道他们一年能行进多远吗？

答案：很简单，如果外星人可以达到光速，那他们一年行走的距离就是1光年。你有兴趣的话，可以算一算，1光年相当于多少千米，计算之后你就知道为什么我们要用“光年”这个单位表示距离了，因为千米放在宇宙中太小了。

大球和小球

宇宙中的许多天体都是球体，如恒星、行星及行星的卫星，这是天体内部引力作用的结果。球体是很特殊的图形，它是同体积几何体中，表面积最小的；是同表面积几何体中，体积最大的。所以很多水果会长得接近标准球体，这样就可以用最少的表皮材料包裹住最多的营养物质。蒲公英的种子也是呈球状排列的，可以最大限度地让种子散播出去。

你滚过雪球吗？和我们滚雪球相似，屎壳郎会滚粪球，粪球是它们的食物。一般屎壳郎能滚动重于它体重十倍的粪球，但这还不算真正的大力士，有一种屎壳郎能滚动自身体重 1141 倍的粪球。

假设一个成年男子的体重是 70 千克，如果他也像超级大力士屎壳郎一样可以滚动自身 1141 倍的物体，请你算一算他能滚动的物体有多重。

答案：70×1141=79870 千克。现在你知道屎壳郎的厉害了吧！

我们能否相信自己的眼睛？

1889 年，德国生理学家缪勒 – 莱耶（1857—1916）提出了一个长度错觉模型，后来被称为缪勒 – 莱耶错觉。即使你注视很久，也很难逃脱这种错觉，不信就来试试看。

下面带箭头的两条线段，猜猜哪条更长。是上面那条吗？

你在我们生活中发现过哪些错觉？

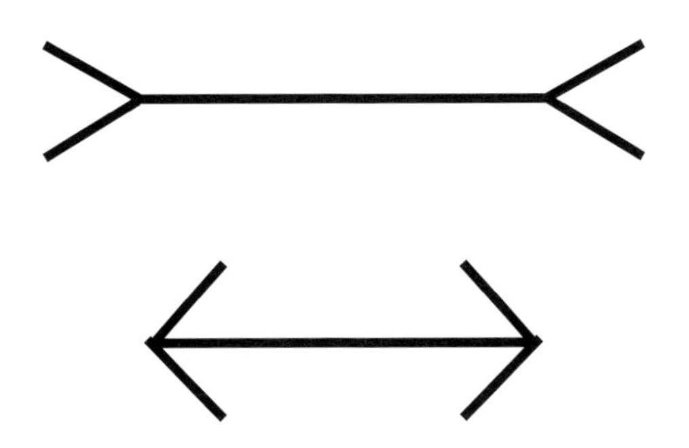

答案：两条线段一样长！你可以拿尺子量一下。这就是著名的缪勒 – 莱耶错觉：两条长度相等的线段，假如一条线段两端加上向外的两条斜线，另一条线段两端加上向内的两条斜线，则前者要显得比后者长得多。你可以自己动手画两条长度相等的线段，再加上箭头看一看。

从侧面看行驶的车轮也会产生错觉，有时会看到车轮仿佛在倒转。

数学家的墓志铭

古希腊数学家丢番图（约 246—330）是历史上第一个使用数学符号代替未知数的人。他的墓碑上没有直接标注他的寿命，而是一道代数题：

“过路的人！这里埋葬着丢番图。请计算下列数目，便可知他一生经过了多少寒暑。他生命的六分之一是幸福的童年，十二分之一是无忧无虑的少年。又过了七分之一的岁月，他建立了幸福的家庭。又过了五年，他有了儿子，不料儿子竟先其父四年而终，只活了父亲年龄的一半。晚年丧子的老人真可怜，悲痛之中度过了风烛残年。”

请你算一算，数学家丢番图到底活了多少岁？

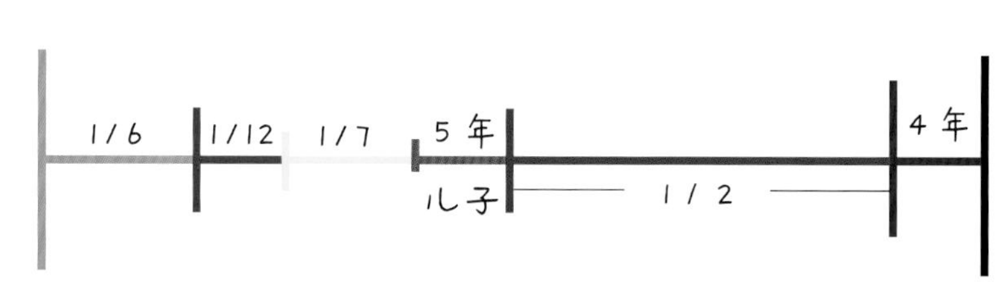

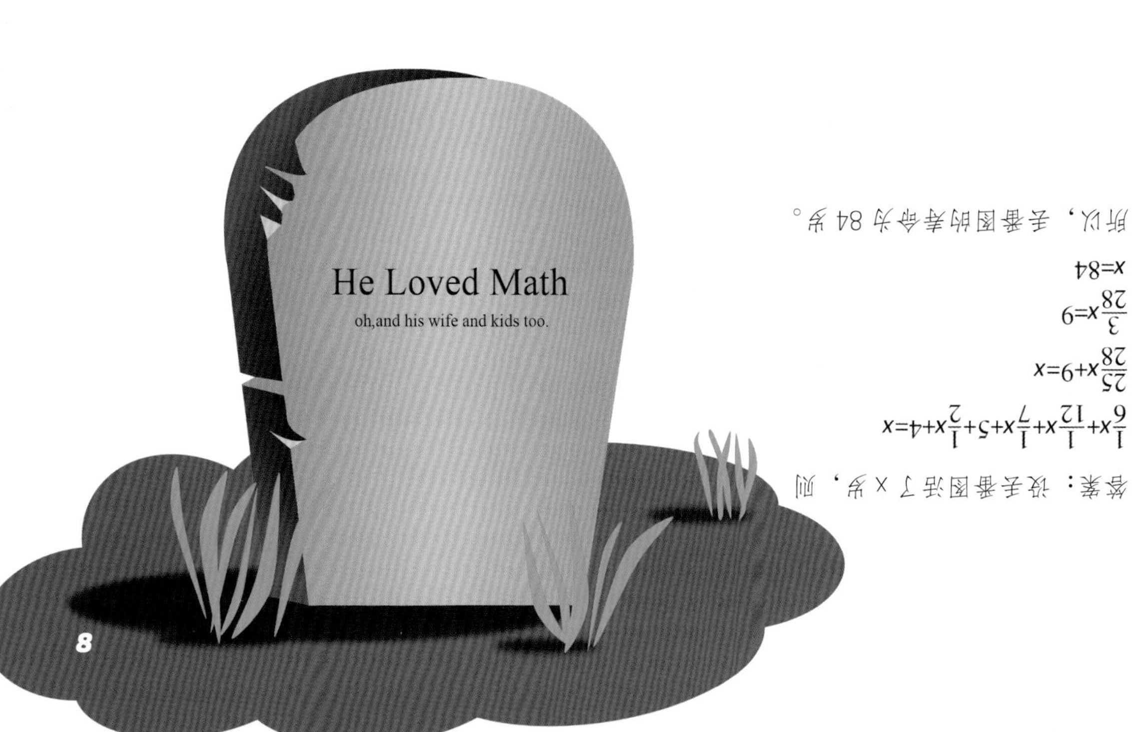

答案：设丢番图活了 x 岁，则

$\frac{1}{6}x+\frac{1}{12}x+\frac{1}{7}x+5+\frac{1}{2}x+4=x$

$\frac{25}{28}x+9=x$

$\frac{3}{28}x=9$

$x=84$

所以，丢番图的寿命为 84 岁。

会数学的蝉

世界上有3000多种蝉，大部分蝉的生命周期是2—5年。然而，生活在北美洲的周期蝉有着13年或17年的生命周期。它们以若虫的形态在地下蛰伏13年或17年，时间一到，就从地下爬出来，继而蜕皮变为可以飞行的成虫。同一时期，成虫可达数百万只。这时，雄性周期蝉开始不停地鸣叫，吸引雌性交配，以保存物种。

这种奇异的周期蝉引起了生物学家的关注，也让一些数学家很感兴趣，因为13和17都是质数，只能被1和它本身整除。生物学家通过研究发现，这是自然选择的结果，这些蝉选择这个较大的质数是为了躲避天敌。比如一种天敌的寿命是2年，就是说每2年出现一次，那么周期蝉要34年才能和它们相遇一次。

另外，生物学家还发现，在17年蝉大批出现之后的12年，捕食它们的鸟类数量开始减少，到第17年时数量达到最低点；以13年蝉为食的鸟类数量也遵循类似规律。

这说明，周期蝉是掐指计算的高手，没准儿它们在地下蛰伏时就不停地数数呢！

	2	3	5	7	11	13	17	19	23
29	31	37	41	43	47	53	59	61	67
71	73	79	83	89	97	101	103	107	109
113	127	131	137	139	149	151	157	163	167
173	179	181	191	193	197	199	211	223	227
229	233	239	241	251	257	263	269	271	277
281	283	293	307	311	313	317	331	337	347
349	353	359	367	373	379	383	389	397	401
409	419	421	431	433	439	443	449	457	461
463	467	479	487	491	499	503	509	521	523
541	547	557	563	569	571	577	587	593	599
601	607	613	617	619	631	641	643	647	653
659	661	673	677	683	691	701	709	719	727
733	739	743	751	757	761	769	773	787	797
809	811	821	823	827	829	839	853	857	859
863	877	881	883	887	907	911	919	929	937
941	947	953	967	971	977	983	991	997	

1000以内的质数。

不可思议的黄金螺旋

黄金螺旋，又称斐波纳齐螺旋线，是根据斐波纳齐数列画出来的螺旋曲线，这是自然界最完美的经典黄金比例。

自然界存在许多斐波纳齐螺旋线的图案，比如《奇妙的数学世界》中提到的鹦鹉螺、宇宙中的星系图。在艺术领域，也有一些经典作品中体现了黄金螺旋之美，比如达·芬奇的名作《蒙娜丽莎》。

想一想，生活中还有哪些自然线条接近黄金螺旋的事物呢?

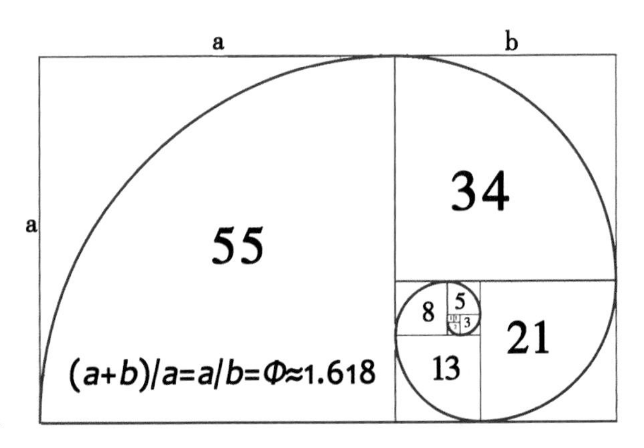

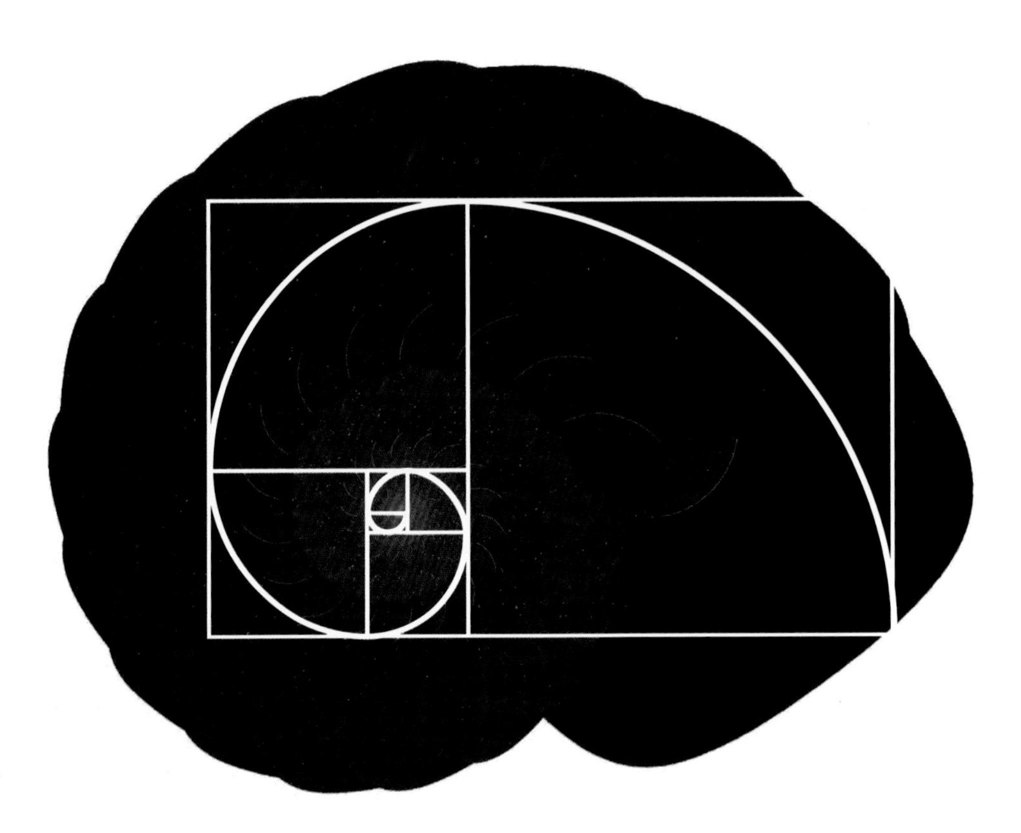

永远也追不上的乌龟

公元前 5 世纪，古希腊数学家芝诺（约公元前 490—约公元前 425）提出了著名的芝诺悖论：让乌龟在阿喀琉斯前面 1000 米处，和阿喀琉斯赛跑，并假设阿喀琉斯的速度是乌龟的 10 倍。当比赛开始后，若阿喀琉斯跑了 1000 米，设所用的时间为 t，此时乌龟便领先他 100 米；当阿喀琉斯跑完下一个 100 米时，他所用的时间为 $t/10$，乌龟仍然领先于他 10 米；当阿喀琉斯跑完下一个 10 米时，他所用的时间为 $t/100$，乌龟仍然前于他 1 米……芝诺认为，阿喀琉斯可以继续无限逼近乌龟，却决不可能追上它。

用数学表示如下：

假设阿喀琉斯的速度是 10 米 / 秒，乌龟的速度是 1 米 / 秒。

阿喀琉斯追乌龟跑 1000 米用了 100 秒，此时乌龟又跑了 100 米；

阿喀琉斯继续追乌龟跑 100 米用了 10 秒，此时乌龟又跑了 10 米；

阿喀琉斯继续追乌龟跑 10 米用了 1 秒，此时乌龟又跑了 1 米；

阿喀琉斯继续追乌龟跑 1 米用了 0.1 秒，此时乌龟又跑了 0.1 米；

阿喀琉斯继续追乌龟跑 0.1 米用了 0.01 秒，此时乌龟又跑了 0.01 米；

…………

嗯……如此看来，阿喀琉斯似乎真的永远也追不上乌龟，只能无限接近。但是这和我们的常识不符，我们以乌龟 10 倍的速度奔跑的话，肯定能追上，你知道芝诺悖论的问题出在哪里吗？

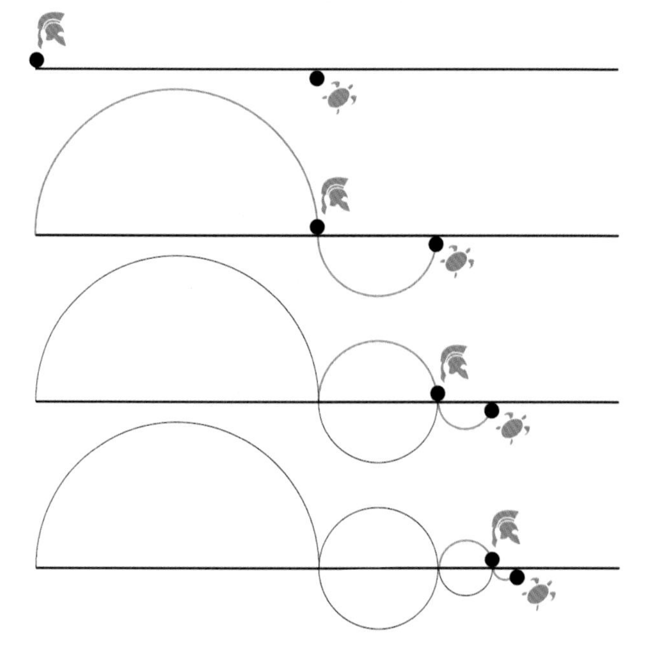

答案：按照我们的常识，阿喀琉斯一定能追上乌龟。在芝诺悖论中，假设阿喀琉斯的速度是 10 米 / 秒，则他需要的时间就是（100+10+1+0.1+0.01+…）秒，看似一个无穷的数，但其实这是一个有限的时间，用分数表示为 1000/9，这个数值是有限的。这个悖论产生的原因是，芝诺认为时间可以无限分割，但现代物理学已经证明了时间和空间不是可以无限分割的，所以总有最为微小的一个时间里，阿喀琉斯和乌龟共同前进了一个空间单位，从此阿喀琉斯顺利超过乌龟。

斯芬克斯之谜

斯芬克斯最初源于古埃及神话，也常见于西亚神话和古希腊神话中，但斯芬克斯在各文明的神话中形象和含义都有不同。根据斯芬克斯形象建造的狮身人面像是人类历史上非常具有神话色彩的建筑群。现存最古老的狮身人面像在今土耳其的哥贝克力遗址，约建于公元前9500年。古埃及的狮身人面像结合了狮子的身躯和人的头部，古希腊的狮身人面像则有狮子的腰身、巨鸟的翅膀和女性的脸庞。传说古希腊的斯芬克斯守卫着通向希腊城市底比斯的入口，会向所有想要进入城门的人提出一个问题。如果回答不上来，人就要被杀死并吃掉。据说俄狄浦斯是第一个成功进入城门的人，他破解了斯芬克斯的谜题。

斯芬克斯给俄狄浦斯出的谜题是："什么动物早晨用四条腿走路，中午用两条腿走路，晚上用三条腿走路？"

你能解答这个谜题吗？（仔细思考一下，否则小心被斯芬克斯吃掉哦！）

答案：这个谜题非常具有迷惑性。俄狄浦斯的答案是："人——婴儿时期用四肢在地上爬行，长大后用两条腿走路，老了以后除了双腿还要拄一根拐杖。"

死亡游戏

据说，公元1世纪时，在古罗马帝国镇压犹太人起义的战争中，当时著名的历史学家弗拉维奥·约瑟夫斯（37—100）正作为一名军官守卫犹太省的犹塔菲特城，这座城市遭到了罗马军团的围困。约瑟夫斯和40名士兵躲在一个山洞里，决定宁死也不被敌人抓到，他们讨论后达成了一个集体自杀的方案。规则是这样的：

全体41个人围成一个圈，指定某个人开始报数，数到第三个人就必须被杀掉；然后，位于死者下首的人重新开始报数，数到第三个人就杀掉，直到剩下最后一个人，他会以自杀结束。

按照这个规则，约瑟夫斯最后活了下来，他并没有自杀。你知道他是站在哪个位置，才保住性命的吗？假如约瑟夫斯还想拯救另一个人的生命，应该让这个人站在哪个位置？

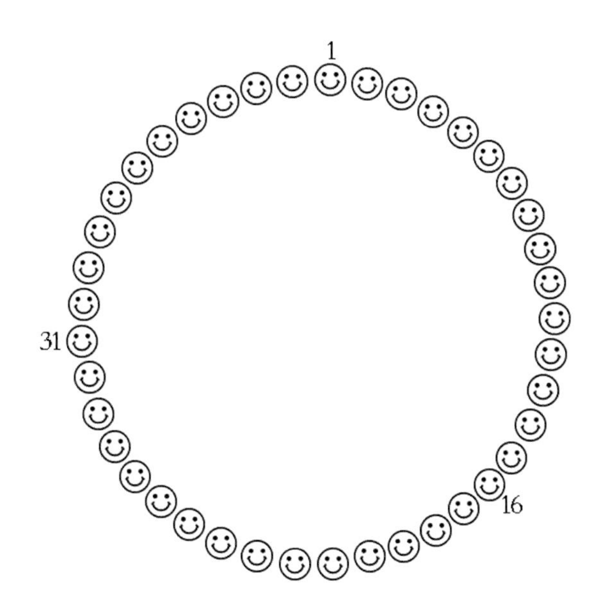

答：你可以对这41个人进行编号，画一张图，看你是否会发现什么规律。最终你会发现，约瑟夫斯站在第31个位置上活了下来；如果他想拯救另一个人，应该让那个人站在第16个位置上，才能逃过一劫。

怎样过河？

公元 8 世纪的英国约克郡有一位数学家、神学家阿尔昆（736—804）。他曾被法兰克王国的查理大帝请到宫廷中，负责帝国的教育改革。他亲自编写数学教材，在学校授课。在他的思想影响下，当时法国和德国创办了一系列初等学校，为中世纪普及数学教育做出了重要贡献。他曾出过一道经典的过河问题：

一个人带着一只狼、一只羊和一些卷心菜过河。他的船除他之外，只能再装下狼、羊或卷心菜中的一样。如果他带卷心菜过河，留下狼和羊，则狼就会把羊吃掉；如果把羊和卷心菜留在岸上，羊会吃掉卷心菜。

请问，这个人怎样才能将狼、羊和卷心菜都安全地带过河？

答案：第一趟：他先带羊过河，把羊留在对岸，返回；第二趟：他带着狼过河，把狼放到对岸，再带上羊返回；第三趟：他把羊留下，带着卷心菜过河，把卷心菜放到对岸，返回；第四趟：带上羊过河。

幻方

在一个正方形格子里填上相应的数字，使每一行、每一列和每条对角线上的数字之和相等。这种结构叫作幻方。中国古代的洛书就属于幻方。相传大禹时，洛阳洛宁县洛河中浮出了一只神龟，背驮洛书（即龟壳上的神秘图案），献给大禹。大禹依此治水成功，遂划天下为九州。这只是关于洛书来源的传说之一。洛书中有九格，将龟壳上的神秘圆点变成数字，即如下图所示：

2	9	4
7	5	3
6	1	8

洛书被认为是幻方的鼻祖。它是一个3阶幻方，即横竖都各有三格。德国画家阿尔布雷特·丢勒著名的版画《忧郁》里，有一个4阶幻方。这个幻方不仅每行、每列、每条对角线上的数字之和都相等，且四个角上的四个四格正方形以及由任意九格组成的正方形四个角上数字之和也相等。

你可以来验证一下。

真话国和假话国

生活在真话国的人都非常诚实，永远不会说假话。真话国附近有一个假话国，这里的人都是假话精，整天都在说假话。有一天，你想到真话国参观。但途中遇到了一个岔路口，你看到了下面的指示牌，觉得有点儿困惑，不知道该往哪边走。所以，你需要别人指路。这时，你看到路口站了一个人，可你不知道那个人会不会告诉你真话。假如你只能向这个人提一个问题，从他的回答中判断哪条路才真正通往真话国，你会提怎样的问题呢？

答案：你可以问这样一个问题：“请问，你来自哪一个国家？”如果他来自真话国，就会指向真话国的方向；如果他来自假话国，他也会指向真话国的方向。所以，这个人给你指的就一定是真话国的方向。

除此之外，你还有别的问法吗？

蝴蝶效应中的数学

什么是蝴蝶效应？

1979 年 12 月，美国气象学家爱德华·罗伦兹（1917—2008）在美国科学促进会的一次讲演中提出：“一只南美洲亚马孙河流域热带雨林中的蝴蝶，偶尔扇动几下翅膀，可能在两周以后引起美国得克萨斯州的一场龙卷风。”

蝴蝶扇动一下翅膀真有这么严重吗？为什么会这样呢？其原因就是蝴蝶扇动翅膀的运动会导致其身边的空气系统发生变化，产生微弱的气流，而微弱的气流又会引起四周空气或其他系统产生相应的变化，由此引起一个连锁反应，最终导致其他系统的极大变化。罗伦兹称之为混沌学。蝴蝶效应告诉我们，初始条件十分微小的变化经过不断放大，会对未来状态造成巨大的影响，可谓“失之毫厘，谬以千里”。蝴蝶效应在社会学、经济学、数学方面都有实际应用。观察并思考一下，我们日常生活中有哪些地方体现了蝴蝶效应呢？

叛变的三角形

意大利数学家、天文学家伽利略（1564—1642）曾说过：“圆是最完美的图形。”我们日常生活中会看到很多圆形，比如硬币、车轮等。圆形是一种可以滚动的形状，人类很早就懂得利用圆形的滚木搬运重物，后来又发明了圆形的轮子。

给你一个三角形，把它放在平整的斜坡上，它能依靠自身重力滚动吗？德国工程师弗朗茨·勒洛发现了一种可以滚动的曲线三角形——勒洛三角形。这个曲线三角形可以这样画：先画一个正三角形，然后分别以此三角形的三个顶点为圆心，以三角形的边长为半径画三个圆，三个圆相交的部分便是勒洛三角形。如下图阴影所示：

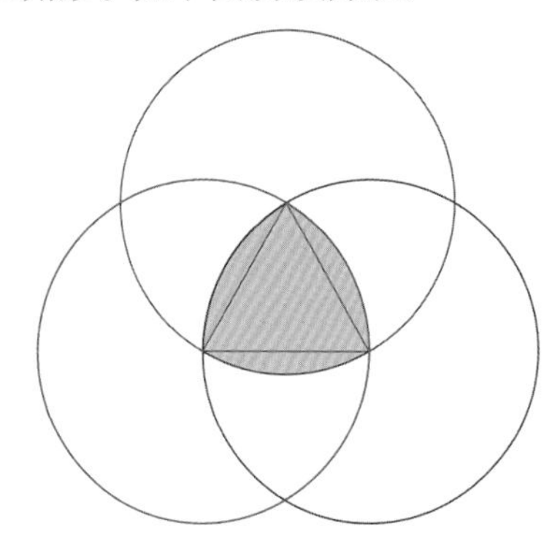

勒洛三角形是定宽的非圆曲线，就是说，将它放在两条平行线内，使之与这两条平行线相切，则可以做到：无论它如何滚动，它还是在这两条平行线内，并且始终与这两条平行线相切。

想一想，假如有一个工人用勒洛三角形当钻头，会钻出一个什么形状的孔呢？

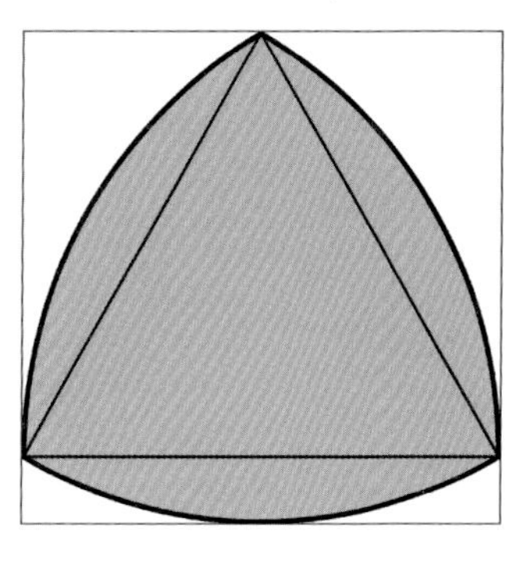

答案：会钻出一个接近正方形的孔。勒洛三角形是最简单的定宽非圆曲线，宽度是构成其中等边三角形的边长。当勒洛三角形在边长为其宽度的正方形内旋转时，每一个角走过的轨迹基本上就是一个正方形。你可以试着用纸片做出一个勒洛三角形，然后将其置入相应的正方形中转动试试看。

只有一面的纸

我们日常所见的纸都有两面，但在19世纪时，德国数学家莫比乌斯（1790—1868）发现，通过简单的操作就能让一个纸条变得只有一面，没有内部与外部之分。有一则冷笑话就是关于莫比乌斯环的——

青年问哲学家：“我很喜欢我的女朋友，她有很多优点，但她有几个缺点让我非常讨厌，有什么方法能让她改变吗？”

哲学家微微一笑，答：“方法很简单，不过要想让我教你，你得先去为我找一张只有正面没有背面的纸回来。”

青年想了想，做出了一个莫比乌斯环。

你看懂这个笑话的笑点了吗？首先我们要知道什么是莫比乌斯环。

莫比乌斯环的制作非常简单，把一根纸条扭转180度，再把两端粘起来，做成一个首尾闭合的环，就是莫比乌斯环。

试着自己制作一个莫比乌斯环，看看这个环是不是只有一面。

沿着你制作的莫比乌斯环的中线剪开，你会得到两个同样的莫比乌斯环吗？

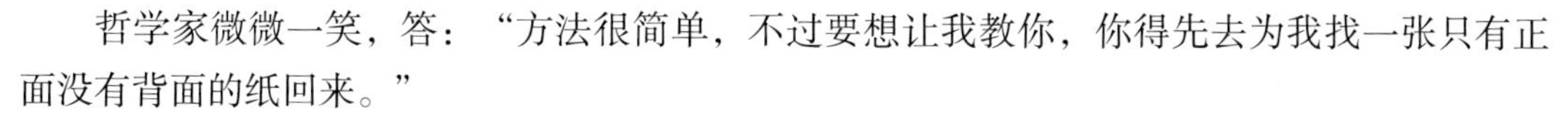
答案：不会。如果沿着莫比乌斯环的中线剪开，会得到一个只有一面、双倍长度的结构。

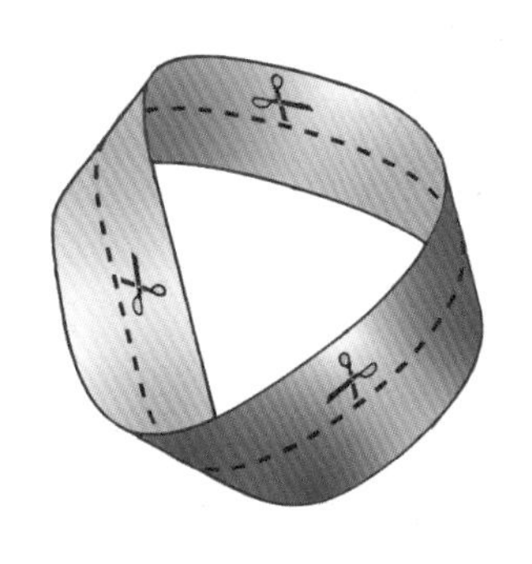

多维的宇宙

1884年，英国牧师埃德温·A.阿伯特在他的小说《平原地区》中描绘了一个二维世界。在他的小说中，人物都是一个二维平面图上的几何图形，而且这个世界等级分明，还有些性别歧视，越高级的人物造型越复杂，比如：女性是一条直直的线段，士兵和工人是等腰三角形，中产阶级是等边三角形，专业人士是正方形和五边形，上层人士是六边形以上的多边形，直至圆形。

幸好我们不是生活在那样的二维世界，我们生活在一个立体的三维空间，可以感知到空间的长、宽、高。天体物理学家们认为，宇宙是由四维组成的——除了三维空间，还有一维是时间。有一些更新的理论认为，我们的宇宙可能存在更高的维度。

也就是说，假如一个人从四维以上的更高维度看我们的房子，根本没有视力障碍，内外一目了然，就像我们看一张纸上的平面图形一样，你是不是觉得有些不可思议？

试着想象一下，假如我们生活在小说《平原地区》所描绘的二维平面中，可以感知到天空吗？在马路上行走的女人会有怎样的麻烦呢？

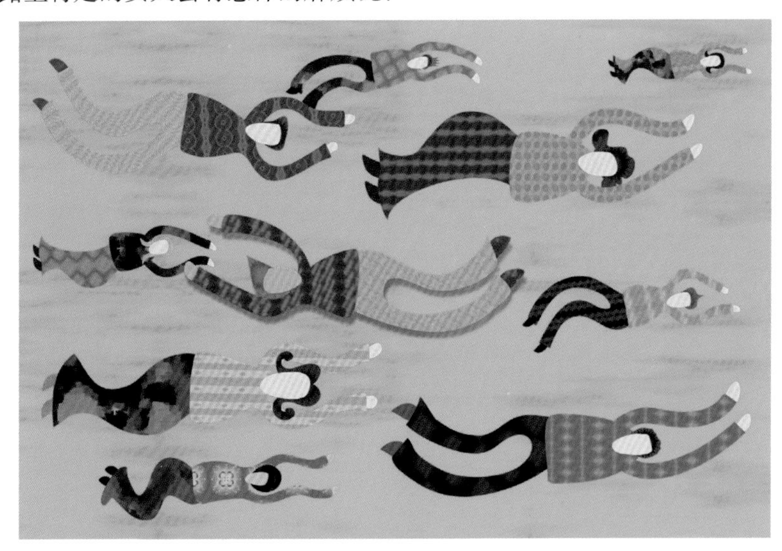

答案：小说《平原地区》所描绘的二维平面中不存在天空，人们也无法感知到。事实上，他们不会发现任何平面之外的事物。

《平原地区》中的女人都是直直的线段造型，所以当她们走在路上的时候，从她们正前方或者正后方看去，她们都只是一个点，很容易被其他人忽视而发生碰撞。所以，当地的法律规定，女人必须扭曲蠕动前行，这样人们才能从各个角度清楚地看到她们。

酒鬼和醉鸟

一个喝醉的酒鬼总能找到回家的路，但喝醉的小鸟则可能永远也回不了家。

这是美籍匈牙利数学家波利亚（1887—1985）在1921年证明的数学定理。随着维度的增加，回到出发点的概率将变得越来越低。在二维平面上随机游走，最终可能回到出发点的概率是100%，在三维网格中随机游走，最终能回到出发点的概率大约为34%；在四维网格中随机游走，最终能回到出发点的概率是19.3%……现在你知道，为什么喝醉的酒鬼总能回到家，但喝醉的小鸟却不一定能回家了吗？想一想。

答案：这道题涉及数学中的概率问题，还有平面和空间的概念。喝醉的酒鬼是在地面上行走，就像在二维空间（平面）上随机游走。假设酒鬼在每个路口都会以相等的概率选择一条路（包括他自己来时的路），那么他最终能回到出发点的概率是100%。请注意，这里并不是说他能一次性地找对路线，一开始，酒鬼可能会越走越远，但他一直走下去的话一定有机会回到家。

但是喝醉的小鸟在空中飞行，是在三维空间里随机游走，它的运动方向除了前后左右，还有上下。假如它朝每个方向飞行的概率均等，那它就只有34%的可能回到出发点。所以，它只有34%的概率回到家。也就是说，它永远也回不到家的可能性高达66%。

地图着色的秘密

1852年，一位毕业于伦敦大学的制图员格斯里（1831—1899）到一家科研单位做地图着色工作。他在工作中发现，任何一张地图都可以只用四种颜色给不同的国家或地区着色。于是，他提出了一个猜想，是不是每张不出现飞地（即两个不连通的区域属于同一个国家的情况）的地图，都可以用不超过四种颜色来着色，而且能保证两个相邻地区颜色不同呢？能否从数学上证明这一猜想呢？

格斯里的弟弟当时正在读大学，决定试着证明，但是并没有结果。弟弟就此问题请教了许多数学家、大学教授，也没能得到解决。渐渐地，这就成了一个数学界公认的难题。

接下来的100年里，许多数学家都研究过这个问题。然而，既没有人能证明格斯里的猜想是正确的，也没人能找到一张需要五种或更多颜色才能着色的地图。

直到20世纪70年代，美国伊利诺伊大学的两位数学家用计算机证明了这个猜想，才有了我们今天的“四色定理”。

你家里有地图吗？翻开地图册或者看一看你家里墙上的地图，看看是不是每幅地图上都只用了四种颜色来区分不同国家或地区。这里有一幅边线都平直的地图，看看是不是仅用四种颜色就能给不同区域着色，并且使相邻的两个地区不同色。

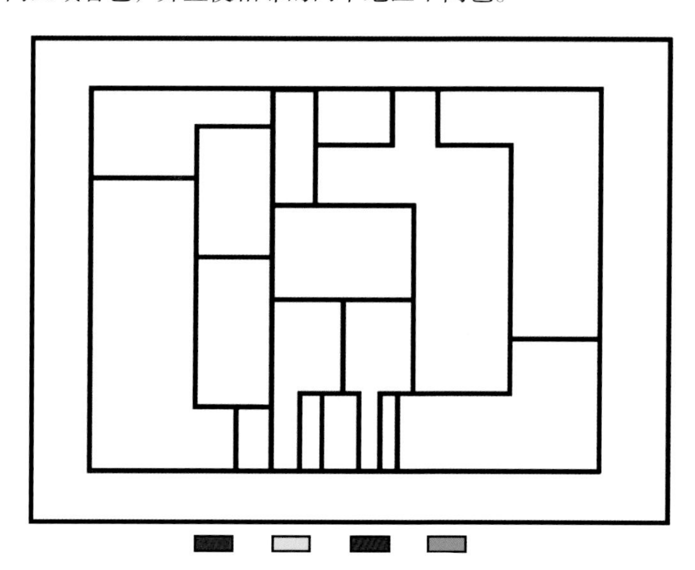

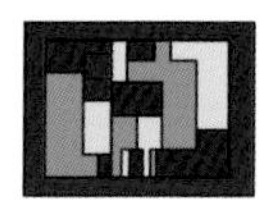

答案：除此之外，你还有其他着色方案吗？

谁养斑马？

1962年美国《生活》杂志国际版上刊登过这样一道逻辑推理题——已知如下线索：

1. 一共有五座房子。
2. 英国人住在红房子里。
3. 西班牙人养狗。
4. 住在绿房子里的人喝咖啡。
5. 乌克兰人喝茶。
6. 绿房子就在乳白色房子的右边。
7. 抽流金岁月（烟名）的人养蜗牛。
8. 抽薄荷烟的住在黄房子里。
9. 住在中间房子里的人喝牛奶。
10. 挪威人住在第一座房子里。
11. 抽切斯特菲尔德（烟名）的人住在养狐狸的人旁边。
12. 抽薄荷烟的人住在养马的人旁边。
13. 抽好彩（烟名）的人喝橙汁。
14. 日本人抽百乐门（烟名）。
15. 挪威人住在蓝房子隔壁。

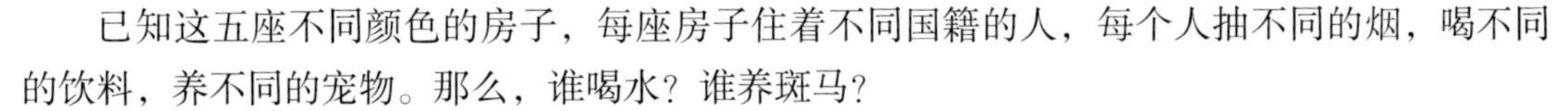

已知这五座不同颜色的房子，每座房子住着不同国籍的人，每个人抽不同的烟，喝不同的饮料，养不同的宠物。那么，谁喝水？谁养斑马？

这道题需要步步为营的逻辑推理，你来试试看。

房子	1	2	3	4	5
颜色	黄色	蓝色	红色	乳白色	绿色
国籍	挪威	乌克兰	英国	西班牙	日本
饮料	水	茶	牛奶	橙汁	咖啡
香烟	薄荷烟	切斯特菲尔德	流金岁月	好彩	百乐门
宠物	狐狸	马	蜗牛	狗	斑马

数第一个，都不会改变结果。

注意：线索10提到“第一座房子”，没有说明是从哪边数的第一个。不过，不管从哪边

诉我们他的隔壁是蓝房子，所以我们就确定了2号房子的颜色。

要学会利用假设法、排除法。例如，线索10告诉了我们挪威人住在第一座房子，线索15告

中可以确定某一项时，就将该项填入。对于不确定的项目，可以结合不同的线索来推理，还

答案：解答这道题，首先要列出一个如下图所示的表格，然后逐一分析线索。当从线索

一块钱哪儿去了？

三名小学生去游乐场坐碰碰车，老板收了他们 30 元，每人 10 元。后来老板决定给他们一些优惠，让售票员退回 5 元给他们。这个售票员不太老实，自己偷偷藏下了 2 元，然后给每个学生退回了 1 元。现在相当于给每人优惠了 1 元，也就是每人交了 9 元，一共交了 27 元，加上售票员藏下的 2 元就是 29 元。可是一开始他们给了老板 30 元，那另外的 1 元到哪里去了呢？

很多人看到这道谜题都会上当，再看一遍还是很迷惑。再看一下这道题，就可以“找到”那 1 元钱：后来，三个学生中的两名又来玩碰碰车，老板先收了每人 10 元，一共 20 元。后来他又想给学生优惠，又让售票员还给学生 5 元。这名售票员变得更贪心了，这次他扣下了 3 元，还给每个学生 1 元。现在每个学生相当于交了 9 元，合起来是 18 元，加上售票员的 3 元，一共 21 元。

看，第一道题里少了的那 1 元在这里！

第二道题是对第一道题的戏仿，对照来看像是个有趣的玩笑。你知道这两道题的 1 元都去哪儿了吗？

答：这个“悖论”的成功得益于 27+2 =29 跟 30 相差无几（若是相差太大必然会引起怀疑），读者往往是还没弄明白是两个什么东西加了起来，就掉进陷阱了。但这个算式本身就是错的。第一个谜题中，三名小学生一共出了 27 元，已经包括了老板留下的 25 元和售票员私藏的 2 元，即 25+2=27。算式 27+2=29 是不符合逻辑的诱饵。

第二题和第一题用了同样的把戏。两个学生出的 18 元中包含了老板留下的 15 元和售票员私藏的 3 元。

所以，本来钱就没有少。

缩水的西瓜

现在是炎炎夏日，你从手机上订购了一个大西瓜，重达 5 千克。这个西瓜富含水分，它重量的 90% 都是水分。有一个外卖小哥接到订单之后，开始火速送货。由于天气炎热，外卖小哥取货的超市离你较远，西瓜在运送途中被烈日烤得有些缩水。等送到你手里的时候，它所含的水分已经降到了此时重量的 80%。你能计算一下，这个瓜送到你手中的时候是多重吗？

也许你认为从 90% 降到 80% 并没有损失太多，但结果可能会出乎你的意料。你知道是为什么吗？

答案：这个问题的关键在于，烈日仅仅是蒸发了西瓜里的水分，所以西瓜里非水分部分的重量并没有变化。先计算出这一部分的重量，是原来瓜重的 10%，即 5×10%=0.5 千克。而当西瓜送达的时候，这一部分的重量变成了整个瓜重的（1−80%）=20%，所以，此时西瓜的重量是 0.5÷20%=2.5 千克。

瞧瞧，整个瓜由 5 千克变成了 2.5 千克，丢失了一半的重量。

为什么水分的占比仅少了 10% 呢？注意题中“此时重量的 80%”，即水分占比的基数发生了变化。

和你同一天生日的人

一年有 365 天，任何一个人在某一天出生的概率都是 1/365（除去闰年 2 月 29 日）。假如你去参加朋友的生日聚会，想在聚会上找到一个和你同一天生日（可以不同年）的人，你觉得需要多少人参加聚会，才能让你找到这个人的概率大于 50%？如果你希望有 99% 以上的可能在聚会遇到同一天生日的人，那么至少要有多少人参加聚会？

这个问题是著名的“生日悖论”。奥地利数学家理查德·冯·米泽斯（1883—1953）第一个提出了这一概率论问题。他发现，想要让两个人的生日在同一天的概率超过 50%，只需要 23 个人；而要让两人的生日在同一天的概率大于 99%，你并不需要 360 多个人，而仅仅需要 60 个人。这个悖论让我们知道，两个人同一天生日的概率要比人们想象的高很多。

很惊讶吧？你可以自己算一算。

答案：先计算聚会上所有人的生日都不相同的概率，那么

第一个人的生日可选日期是 365 选 365，

第二个人的生日可选日期是 365 选 364，

第三个人的生日可选日期是 365 选 363，

……

以此类推，第 n 个人的生日可选日期是 365 选 $365-(n-1)$。

所以所有人生日都不相同的概率是：

$$\frac{365}{365}\times\frac{364}{365}\times\frac{363}{365}\times\cdots\times\frac{365-n+1}{365}$$

那么，n 个人中有至少两个人生日相同的概率就是：

$$1-\frac{365}{365}\times\frac{364}{365}\times\frac{363}{365}\times\cdots\times\frac{365-n+1}{365}$$

所以当 $n=23$ 的时候，概率为 0.507，即 50.7%。

同理可求得聚会有 60 人时，两个人同一天生日的概率已大于 99%。

绕地球一圈的绳索

“现代科学之父”牛顿（1643—1727）早在三百多年前就告诉我们，地球不是一个标准的球形，而是两极略扁，赤道微鼓的椭圆球体。现代科学家们通过长期的观察计算，证实了牛顿的观点。和牛顿同一时代的英国数学家威廉·惠斯顿（1667—1752）在他的著作中描述了“绕地球一圈的绳索”这一违反直觉的悖论。

在威廉的理论中，先要假设地球是一个标准球体，赤道周长是 40000 千米。想象一条绳索沿赤道紧贴地面绕地球一圈刚好首尾相接，接下来，把这条绳索长度增加 1 米，继续绕赤道一周。那么，如果让绳索仍然首尾相接的话，绳索应该抬高离开地球表面。你觉得应该离地球表面多远？

如果我们用同样的方法以篮球、乒乓球为实验对象，结果会有什么不同吗？

答案可能会让你吃惊哦！

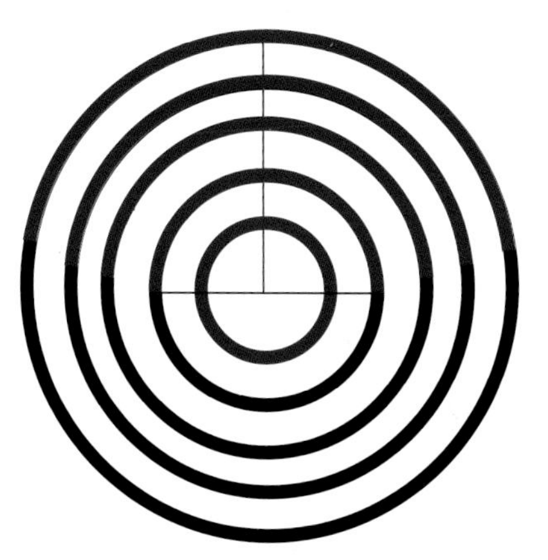

答案：也许你会认为，相对于地球的周长而言，增加 1 米对绳索挪动的距离影响不大。但直觉有时候是不可靠的。绳索挪动之后，会与第一次紧贴地球围成的圆构成同心圆，我们来分析计算一下：

假设需要将绳索挪动 x 米，地球半径为 r，那么挪动后的绳子周长尾 $2\pi(r+x)$，地球周长为 $2\pi r$，$2\pi(r+x)-2\pi r=1$；

即 $2\pi r+2\pi x-2\pi r=1$；

即 $2\pi x=1$；

求得 $x\approx0.16$ 米，即 16 厘米。

对于地球超大的周长而言，绳索增加 1 米就需要离开地球表面 16 厘米，这个数字可不小。假如你以篮球、乒乓球为实验对象，你会发现，结果仍然是 16 厘米。从上面的计算步骤我们可以看出，绳索挪动的距离跟球体的半径（大小）没有关系。

士兵过危桥

战争中，甲、乙、丙、丁四个士兵夜间行军时来到了一条河边，河上有一座很窄的桥。此时他们接到无线电通知，必须在 17 分钟内到达河对岸，否则就会被敌方发现。这时候，四个人发现他们只有一个手电筒，这个手电筒是每次过桥都必须使用的。由于桥无法承受太大的重量，每次只能两个人一起通过，而且必须得有人把手电筒带回桥头，给未过桥的人使用。

这四个士兵都不同程度地受伤了，伤势最轻的甲过桥需要 1 分钟，乙过桥要用 2 分钟，丙需要 5 分钟，丁需要 10 分钟。若两人同行，则只能以速度较慢者为准。

在过桥的时候，他们不能把手电筒扔回桥头（掉进河里就麻烦了），也不能让走得快的人背着走得慢的人，否则会更慢。你来安排一下，让他们在 17 分钟全部过桥，可以吗？

答案：这个问题的关键在于，要让两个速度接近的人一起过桥，让跑得快的人往回拿手电筒。所以，①先让甲和乙一起过桥，需要花费 2 分钟；②然后甲拿手电筒返回，花费 1 分钟；③丙和丁一起过桥，花费 10 分钟；④乙拿手电筒返回，花费 2 分钟；⑤乙和甲一起过桥，花费 2 分钟。所需时间正好是 2+1+10+2+2=17 分钟。

你还有其他方法吗？不妨试试，你可以画图帮助理解。

我们在转动

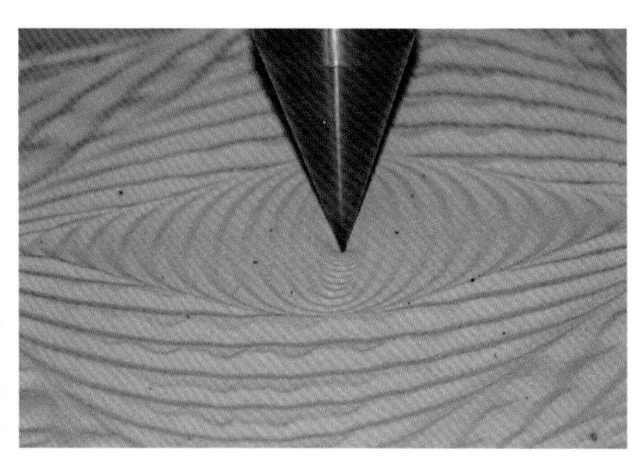

人类一直在思考宇宙的构造，早在古希腊时代就有哲学家提出了地球在运动的主张，只是当时缺乏依据，没有得到人们的认可。

你知道波兰天文学家哥白尼（1473—1543）吧，他在著作《天体运行论》中提出了“日心说”，指出地球是围绕太阳运转的，并且地球自身也在不停转动。这一学说被当时的罗马天主教廷裁判为违反《圣经》。1851年的巴黎博览会上，法国物理学家傅科（1819—1868）做了一次成功的摆动实验，向人们直观地展示了地球在自转的事实。

傅科在法国巴黎万神庙的拱顶悬挂了一个单摆，摆长67米，摆锤重28公斤，悬挂点经过特殊设计以减少摩擦。这个摆惯性和动量大，可以基本不受地球自转影响而自行摆动，且摆动时间很长。在摆锤下方，傅科铺了一层细沙。在摆锤底部有一根铁笔，可以记录摆的运动轨迹。人们看到，过程中摆动方向在不断变化。一小时后，沙子上记录的摆动方向已经沿顺时针移动了11度18分。你知道为什么摆动方向会发生变化吗？钟摆平面为什么是沿顺时针变化的？

答案：假如你见过时钟的钟摆，你就会发现，假如不受外力，钟摆总是在一个平面上来回摆动。傅科制作的摆却清晰地表明了摆动平面的变化，这说明是地球本身在不停地自转。现在世界各地的科学馆或天文馆可以经常看到傅科摆的模型。如果你有机会见到这种模型，可以好好观察一下。

另外，因为地球是自西向东自转的，也就是说，从北极点看地球是逆时针转动，所以在北半球巴黎进行实验，人们看到的钟摆平面会出现顺时针变化。

七巧板

七巧板是一种古老的中国传统智力玩具，顾名思义，是由七块板组成的。其历史至少可以追溯到公元前 1 世纪，到了明代基本定型。19 世纪初，七巧板传到美国后，在全世界范围内掀起了一股玩拼图游戏的热潮。七巧板拼图具有许多种拼法，可拼成三角形、平行四边形以及不规则多边形，也可以拼成各种人形、动物和桥、房、塔等。美国作家埃德加·爱伦·坡就非常喜欢玩七巧板。

尽管七巧板拼出的图形和创意存在多种可能，但拼出特定图形的数量却很有限。比如，中国的数学家证明，用七巧板拼出的凸多边形只有 13 种，分别是：1 个三角形、2 个五边形、4 个六边形和 6 个四边形。你有七巧板的话，请试着拼一拼。

3000 年前的数学谜题

古埃及人在数学领域达到了非常高的成就。公元前 1650 年左右的埃及数学著作《莱因德纸草书》是世界上最古老的数学著作之一，由当时的书记官阿默士记录，描述了算术、面积计算等数学问题。这是一份长达 5 米多的手卷，现存于大英博物馆。

这份手卷中有一个经典的“房子 – 猫 – 老鼠 – 小麦”谜题，描述了一种几何级数。这个问题可以这样表述：有七间房子，每间有七只猫，每只猫能吃掉七只老鼠，每只老鼠能吃掉七斗小麦，每斗小麦能磨成七袋面粉。照这样计算，猫在七间房子里能保存多少袋面粉呢？

答案：7×7×7×7×7=16807，七间房子里的猫一共能保存 16807 袋面粉。

棋盘上的麦粒

阿拔斯王朝的历史学家伊本·卡里汗（1211—1282）在他的书中记述过一个关于国际象棋起源的故事：一位专横的印度国王沙拉汗手下的大臣达希尔发明了国际象棋游戏。达希尔希望以这个共有 64 格的棋盘游戏来告诉国王，每个阶层对社会都很重要，应该平等对待。国王听后觉得达希尔说得很有道理，要奖赏他。达希尔并不想要奖赏，但国王坚决要赏，达希尔就说，他希望得到的报酬是这样的——在象棋第一格里放入 1 颗麦粒，在第二格里放入 2 颗麦粒，在第三格里放入 4 颗麦粒，在第四格里放入 8 颗麦粒，在第五格里放入 16 颗麦粒……以此类推，即从第二格开始每格放入的麦粒数量都是前一格的两倍。国王一听，觉得这不算什么呀，就答应了。你觉得达希尔会得到很多麦粒吗？请算一算。别被答案吓到哦！

答案：你会发现第二格是 $2^1=2$ 颗，第三格是 $2^2=4$ 颗，第四格是 $2^3=8$ 颗，那么最后一格，即第 64 格需要放入的麦粒数量是 2^{63}。把麦粒全部加起来，即 $1+2+4+8+\cdots+2^{63}=2^{64}-1=18446744073709551999$（粒）。这可不是个小数目，需要全球人种好多年才够呢！

MATHS IN SCIENCE

∈奇妙的数学世界

科学中的数学

（英）南茜·迪克曼/著　韩佳颐/译

河南美術出版社
·郑州·

目　录

除非经由数学的道路，否则任何人类的探寻都不能被称为科学。

——达·芬奇，意大利艺术家

数学无处不在

人类学习数学已经有几千年的历史了。事实上，世界上的很多重大发明和科学发现都是建立在数学基础上的。

有了数学的帮助，即使是在漆黑的夜空，战斗机也能准确地飞行作战。

探索世界

你知道吗？很久以前，人们一度认为太阳是围绕地球旋转的。科学家们甚至以为通过将化学元素分组，能够预测新元素的存在。过去几百年间，人类大大扩展了对世界的认知，很多科学发现都是基于数学做出来的。古希腊数学家毕达哥拉斯（前580到570之间—约前500）曾说过："万物皆数。"他说的很可能是对的。

古罗马人是出色的工程师，他们运用数学知识设计的建筑物十分坚固，直至今天仍屹立不倒。图中的这座建筑是位于法国南部的加尔桥，它是古罗马人修建的一条输水渠。（详见第6—7页）

早在人造卫星问世的几千年前，古希腊数学家埃拉托色尼就估算出了地球的周长，他的答案准确得惊人！

世界是圆的

埃拉托色尼（约前275—前194）居住在埃及的亚历山大港，这里曾是古希腊文明的重要中心。当时的科学家已经知道地球是一个球体，但没有人知道地球到底有多大。埃拉托色尼决定用几何学原理算出地球的周长。

埃拉托色尼用数学原理，将大部分已知的世界绘制成了一张地图。

太阳光

数学实战！

亚历山大港和赛尼城（今埃及的阿斯旺）之间的距离大约为800公里，如果这个距离是地球周长的7/360，那么地球的周长是多少？请用计算器算出答案。

这就是埃拉托色尼计算地球周长的方法。

光线的角度

埃拉托色尼知道，每年夏至那天的正午，太阳会位于赛尼城的正上方。但同一时间的亚历山大港，情况却并非如此。他在赛尼城和亚历山大港各立了一根棍子，到了夏至那天正午，赛尼城的那根棍子下面没有阴影，亚历山大港的那根棍子下面却有阴影。这说明，太阳光是以不同的角度照射到这两个城市的。光线角度的不同，证明了地球表面是有弧度的。

在赛尼城，当太阳直射到头顶时，人们可以在一口很深的水井底部看见太阳的倒影。

在亚历山大港，棍子与太阳光线（从棍子顶端到阴影顶端的连线）形成的夹角大约为7度（写作7°）。一个圆有360°，所以埃拉托色尼估算出，亚历山大港和赛尼城之间的距离大约就是地球周长的7/360。这两个城市之间的距离已知，所以他运用简单的算术，就能计算出整个地球的周长了。

奇妙的拱形

有许多古建筑至今仍屹立不倒，很多保存完好的古建筑有一个共同点——它们身上都有拱形结构。

拱形天花板是由一个个环环相扣的拱形结构组成的。

该建筑是一条向城市供水的水渠，水渠由下方的一个个拱形结构支撑。

过梁

在拱形结构出现之前，建筑物之间的横向结构（如门廊或桥上的横梁）主要采用过梁结构，也就是将一根水平的梁放在两根柱子上。这个结构的问题在于两根柱子之间的距离不能太远。另外，一根石质的长梁又非常沉重，而且它也不能承受太大的重量。

罗马人的智慧

半圆形屋顶则是古罗马建筑师使用的另一种非常坚固的设计，它由一个个拱形结构排列而成，形成了一个完整的半圆。

古罗马人是用石头制造拱形结构的专家。这种拱形结构可以跨越更大的水平空间。拱形结构是由一个个较小的楔形砖石构成的。这些砖石很容易搬运和搭建，用它们可以搭建一个紧密的半圆结构。拱形结构也是搭建在两根柱子上的，它本身的重量及其负重会被这两根柱子分担。

虽然宽大的拱形结构可以承载重物，但支撑它的柱子必须粗壮结实。古罗马人发现，如果你在一个建筑中连续使用多个拱形结构，那么你就可以使用稍细一些的柱子，因为这时建筑的重量被分摊到了许多根柱子上。这些拱形结构相互支撑，效果更好。因此它也被用在向罗马供水的输水渠中。

数学实战！

你需要在河上建一座石拱桥。已知河流的宽度是100米，每个拱形门的宽度是5米，那么你需要多少个拱形门才能跨过河流呢？

计时

我们将时间分为分钟、小时和天。但在钟表被发明出来之前，衡量时间却并非一件容易的事。

太阳计时法

很久以前，人们还未形成统一的计时体系。人们将白天或夜晚划分成不同的时间段，但各国各地使用的计时单位却不尽相同，有时人们甚至还会改变计时单位的长短。古埃及人把日出到日落之间的时间划分为12个小时，由于夏季的白天较长，所以夏天的一个小时也相应地比冬天长一些。

日晷是古代测量时间的一种仪器。白天，太阳在天空中从东向西划过，物体的影子也会随之缓缓移动。日晷上有一根指针，指针的影子会投在表盘的时间刻度上。随着太阳的移动，指针的影子也会在表盘上移动。

每一个日晷都是根据当地的经纬度特别设计的。如果把它挪到其他地方，就无法准确测量时间了。

水钟与机械钟

除了太阳，古人还会用水来计时。水会以稳定的速度从一个容器流入另一个容器，容器上标有刻度，表明已经过了多长时间。大约在13世纪时，机械钟表问世了。机械钟表利用重物拉动齿轮运动。早期的机械钟表既没有表盘，也没有指针，只会定时撞钟报时。

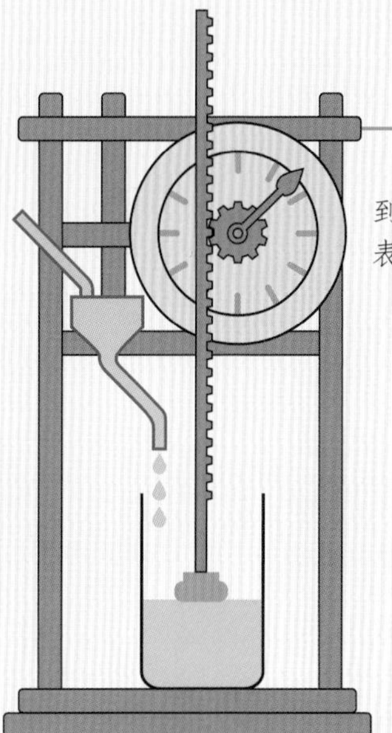

在一些水钟里，当水位上升到一定程度时，便会推动指针在表盘上运动。

我们都知道，一小时有60分钟，一分钟有60秒，这套计时体系是古巴比伦人发明的。该体系以60为一个周期，而不是100。在计时系统中，60是一个比100更好用的数字，因为它能被更多数字整除。

布拉格天文钟从1410年起，就开始跟踪太阳的运动来计时了。

数学实战！

一天有24小时，一小时有60分钟，你能计算出一个星期有多少分钟吗？必要时可以使用计算器。

绕日运动

我们站在地球上，是感觉不到地球在运动的。因此，在很长的时间里，古人都以为地球是静止不动的，直到有人用数学计算发现了真相。

地球中心说

古人很早就开始观察太阳、月亮、众多恒星和行星的运动。他们知道，各天体的运动方式是不同的。由于他们所看到的一切天体都在运动，但地球却似乎静止不动，因此古人认为，宇宙中的一切天体都是围绕地球运动的。

行星在不同的轨道上围绕太阳公转。

果真如此吗?

问题是，在某些时间段里，有些行星似乎是在“向后运动”。有鉴于此，一个名叫托勒密（约90—168）的天文学家研究出一套复杂的理论来解释这种情况。托勒密认为，行星是像坐过山车一样，在各自的轨道上绕地球循环运动的。

到了16世纪，波兰天文家哥白尼（1473—1543）开始通过数学运算研究日月星辰的运动。他分析了恒星和行星的位置数据，希望发现一种理论来解释它们的运动。最后，哥白尼给出了他的结论：包括地球在内的所有行星，都是沿圆形轨道绕太阳运动的。

直到望远镜被发明后，天文学家们才找到了证据，证明了哥白尼的理论是正确的。

哥白尼的理论在他去世之前公布于世，但在当时却引发了很大的争议。

数学实战!

德国天文学家开普勒（1571—1630）后来发现，行星的运动轨道其实是椭圆形的，而不是之前以为的正圆形。请如图中所示，将两根图钉钉在一张纸上，在两个图钉之间系上一根细线（系的细线要松一点）。用铅笔尖抵住这根线，然后移动铅笔，使细线始终保持紧绷，直至画出一个完整的椭圆。

看得更远

天文学家靠着一种强大的工具证明了哥白尼的理论，这种工具就是望远镜。它的发明运用了透镜和角度原理。

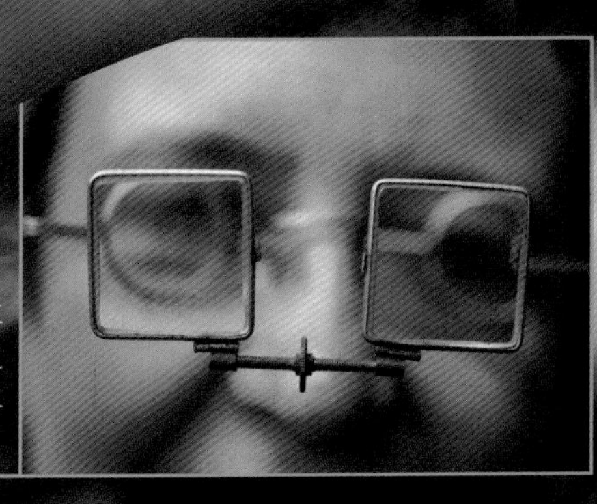

以前的外科医生做手术时，曾使用过像这样的简易放大镜来观察病人身体里的情况。

光线

我们之所以能看见物体，是因为光呈直线射入我们的眼睛，在我们眼中产生了物体的投影。透镜通常由一块有弧度的玻璃、塑料或晶体制成，光线可以穿透这些材料，但透镜的形状使光线产生了弯曲，改变了光线的行进方向。这样一来，我们看到的物体就似乎更远或更近了。

当我们用透镜看物体时，物体看起来会比实际尺寸更大或者更小，有时甚至会上下颠倒！

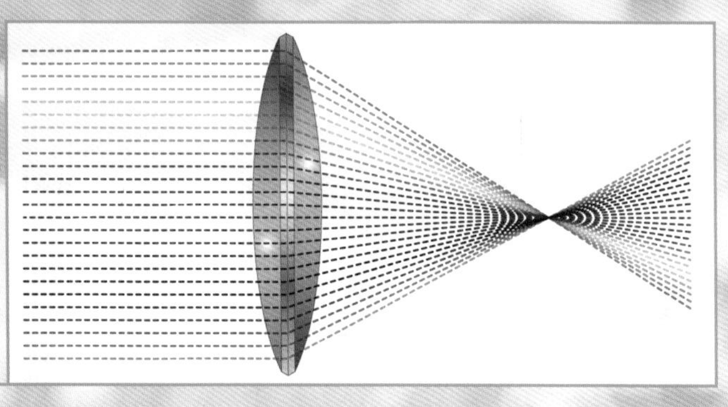

透镜会使光线发生弯曲，所有弯曲的光线会交会在一个点上，这个点叫作“焦点”。

透镜的运用

早在古代，人们就会使用简单的透镜了，那时人们可能主要用它来生火。当我们将透镜的焦点对准一小块区域时，汇聚的阳光就会使它迅速升温乃至燃烧。另外，抄写员和工匠们也可能会使用透镜，好将一些细小的东西看得更清楚。

随着时间的推移，人们制作透镜的技术也越来越精湛。人们学会了通过调整透镜的弧度，将光线弯曲到他们想要的角度。13世纪80年代，人们发明了眼镜。到了16世纪晚期，镜片制造商已经掌握了利用多个镜片成倍放大物体的技术，从而制造出了显微镜和望远镜。

意大利天文学家伽利略（1564—1642）是第一批使用透镜观察天体的人之一。

数学实战！

水也像玻璃一样能使光线弯曲。水滴和透镜一样具有弧形的表面。请拿出一张旧报纸，在上面放一张透明的塑料片（如玻璃纸或保鲜膜），然后小心地在塑料片上滴一滴水，观察水滴下面的文字。这时，文字应该已经被你的“水透镜”放大了。

坚固的三角形

拱形虽然是一个坚固的结构，但主宰当代建筑的却是另一种形状。工程师们在桥梁、大楼和其他建筑物中，大量使用了三角形结构。

这座摩天大楼就使用了三角形的补强支架，来为大楼提供额外的支撑。

多边形

任何由三条或三条以上线段首尾顺次连接构成的图形都可以称作多边形。三角形、正方形和六边形都是多边形。三角形有三条边，三条边相连形成了三个角。三条边的长度不一定相同，三个角的角度也可以不同。

你能找到这座钢铁大桥里的三角形结构吗？

强度和刚度

正方形有四条边和四个角。正方形的四个角有点像门框上的铰链，如果你用力挤压一个正方形，它的角度就可能发生变化，变成一个菱形。三角形则不会发生这种情况。就算你用力挤压，它的角度也不会改变，除非它的边长发生变化。

用钢梁建造的建筑物通常会使用三角形结构来增加它的强度。如果是正方形结构的话，就会用另一道钢梁从正方形的对角线穿过，将其分为两个三角形，以增加它的稳定性。

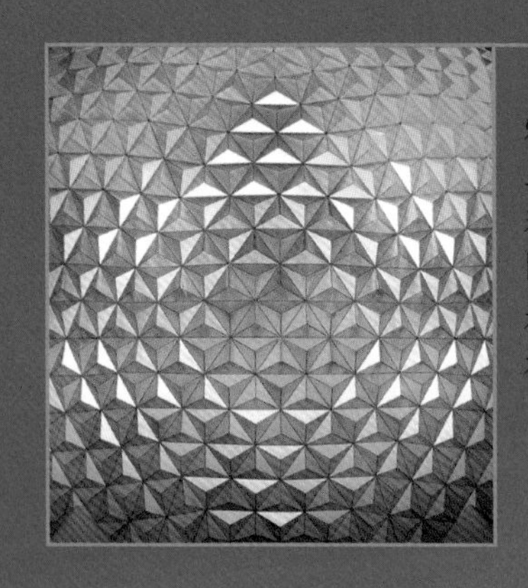

在佛罗里达州的迪士尼乐园里，有一座“未来世界”主题乐园，它的穹顶就是由数百个三角形结构组成的。

剪出一些长度相等的小纸条，在每张小纸条的两端各穿一个洞，用按扣将它们连接起来，构成三角形、正方形和六边形等形状。用手拿起这些图形的对角处来回扯动，测试一下它们有多坚固。它们中哪个形状最坚固？

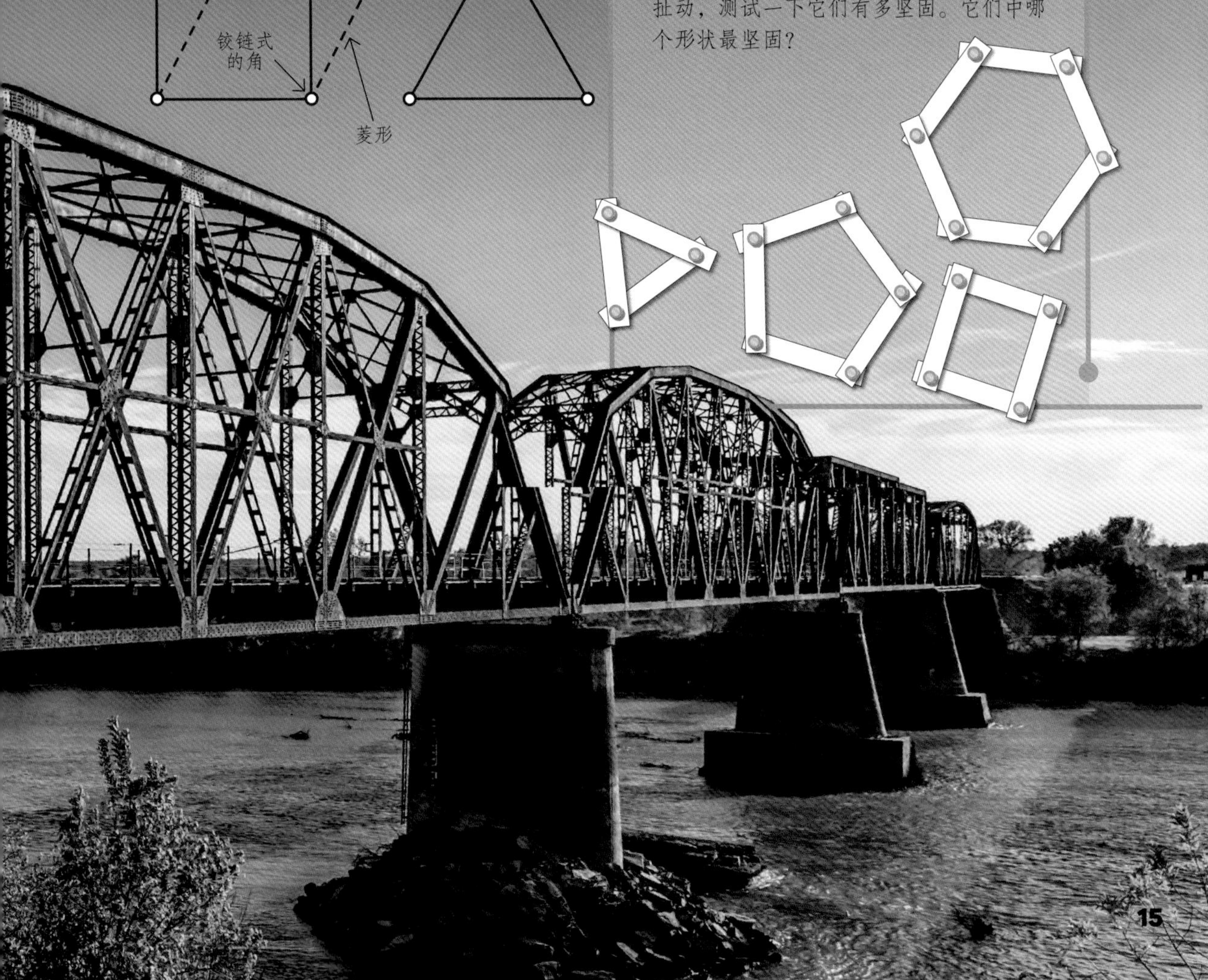

1和0

“1=1”是人人都知道的简单算术，但“10=1010”可能成立吗？事实上，在德国数学家莱布尼茨（1646—1716）发明的计数体系中，“10=1010”是成立的。而且正因为他发明的这套计数体系，才有了今天的计算机。

莱布尼茨在17世纪70年代提出了他的理论。

计数法

我们常用的计数法是“十进制”，十进制以10为基数，逢十进一位，逢百进两位，逢千进三位，把正整数从右到左分成个位数、百位数、千位数等，它们的位值分别是个、十、百、千等。莱布尼茨发明的计数法则叫“二进制”，以2为基数，逢2进位，即1、2、4、8，等等，它的位值是2的倍数。

十进制数	八位	四位	二位	一位	二进制数	表示方式
3			1	1	11	2+1=3
5		1	0	1	101	4+0+1=5
10	1	0	1	0	1010	8+0+2+0=10
15	1	1	1	1	1111	8+4+2+1=15

在二进制数中，唯一可以使用的数就是0和1，其计数方式如上图。

现代的电子计算机正是基于二进制构建的。计算机存储器是由很多小元件或转换器组成的，它们有“开”和“关”两种状态。我们通过数字1命令转换器开启，通过数字0命令它关闭。计算机中的所有数据都可以转化成二进制数。

巨人计算机是第二次世界大战期间制造的，用来破译敌军密码。

第二次世界大战期间，数学家们通过破译敌军密码，帮助船只躲避敌军潜艇的袭击，拯救了成千上万人的生命。

数学实战！

请制作一张二进制表格，你可以使用上面的表格作为模板，但请加入十六位和三十二位。你能将下面的十进制数换算成二进制数吗？

7 = ____

14 = ____

25 = ____

40 = ____

公制革命

我们都知道一米有多长，但你知不知道一“斯塔迪昂”是多长？一“帕勒桑”又是多长？一“里格”等于几“杆”？

作为一种标准度量衡，公制已被应用于我们生活中的方方面面，无论在健身房还是在超市，我们都会用到它。

不同的度量衡体系

古时候，世界各国都有不同的度量衡。有些来自人体，比如“英尺”（foot）这个词，便是英文中“脚”的意思。也就是说，一英尺就是一只脚的长度。但不同国家，“尺”的长度肯定是不一样的。同理，各国用来测量重量和体积的单位也是不一样的。这样一来，不同国家的人在交流时，就经常容易产生困惑。

在古罗马，一里约等于一个士兵行走1000步的距离。

统一公制

1670年，一位法国数学家提出了一种测量长度的新体系。该体系的长度单位以地球周长为基准，再用十进制进行划分。又过了一百多年，科学家们测量出了地球的一条经线长度，并用它决定了一米的长度。

温度计一般标有公制的摄氏度和较早的华氏度两种刻度。

米是基本单位。米的前面可以加上一些前缀，用来表示更大或更小的单位。比如一厘米就是一米的一百分之一，一千米就是一米的1000倍。不久之后，公制系统就扩展到了质量、体积和面积上。公制单位之间是彼此关联的。比如，1克相当于1立方厘米的水的质量。

前缀	含义
千	1000
百	100
十	10
分	0.1 或者1/10
厘	0.01 或者1/100
毫	0.001 或者1/1000

数学实战！

使用公制前缀表，将下列度量转换为相应单位。

1升＝____分升
154厘米＝____米
3千克＝____克
25毫米＝____厘米

化学元素

要清楚数据代表的意义，最好的方法就是有条理地将它们归类。一位俄国化学家就编制了一张表格，对化学元素进行了分类。

此表中的每个小方块都代表了一个元素，并显示了这个元素的相关信息。

元素

世间万物都是由不同的元素组成的。世界上有100多个基本元素，它们具有不同的性质。很多元素在室温条件下是固态的，但也有一些元素在室温条件下是液态或气态的。

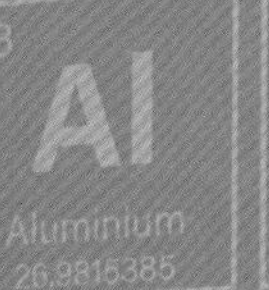
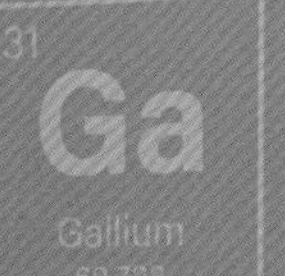
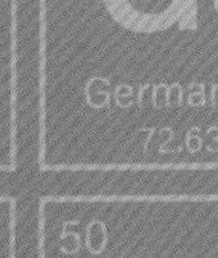
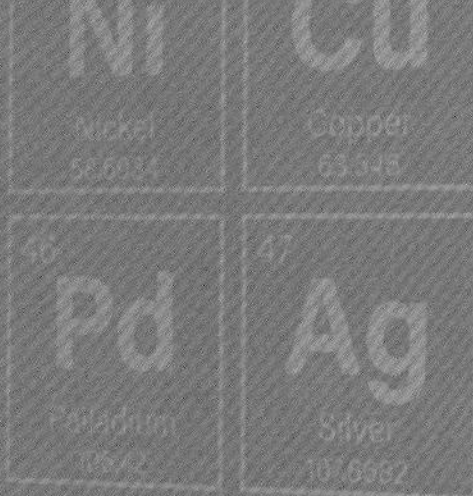

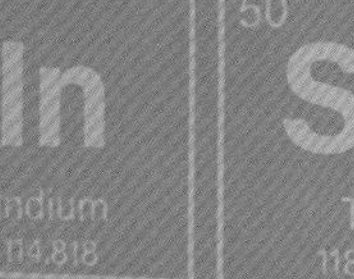

按顺序排列

大约200年前，一位化学家试图将所有化学元素按三个一组进行分类。他试图根据元素的平均重量寻找出一种分类模式，但按这种方法，所有元素并不能被完美地分类。到了1869年，俄国化学家门捷列夫（1834—1907）发布了一种新的元素分类方法。

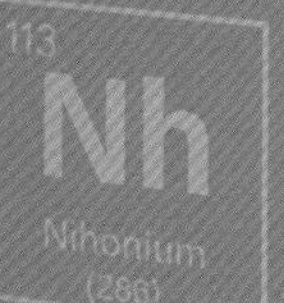

门捷列夫也通过重量对元素进行排列，他制作了一张表格，表中每一行元素的质量从左到右递增。他将具有相似性质的元素放在同一列中，当时表中的一些位置是空白的。门捷列夫认为，这张“元素周期表”中空白位置的元素终有一天会被发现。

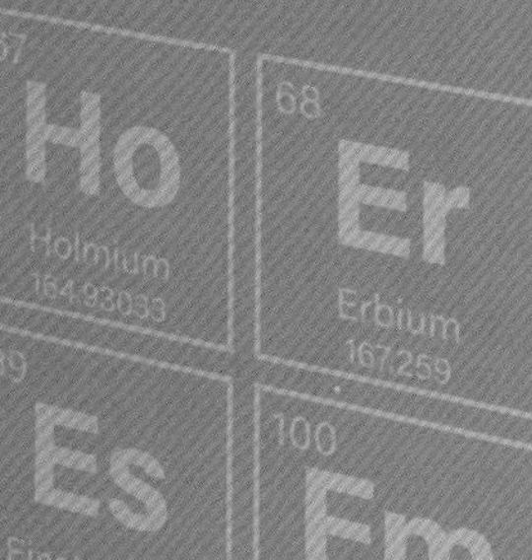

人们为了纪念门捷列夫，还以他的名字命名了一个新元素：钔。

在元素周期表上，金、银、铜都在同一列，它们具有相似的性质。

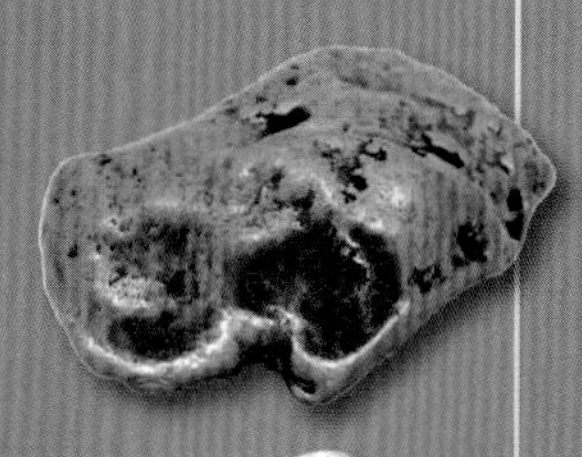

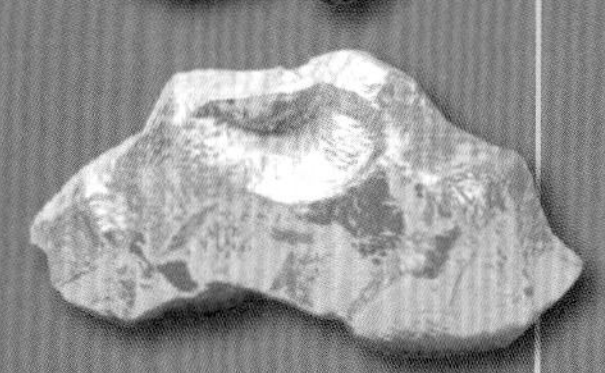

数学实战！

请收集各种各样的糖果，然后试着把它们排列到你自己的“周期表”中。你可以根据一些性质对它们进行排列，比如大小、形状、颜色、味道等等。你能否制定出一个体系，条理分明地排列它们？你也可以用袜子、积木或早餐麦片来做这个小实验。

在门捷列夫之后，科学家们已经填补了元素周期表的空白。

寻找道路

我们对汽车的卫星导航功能已经习以为常，但你知道它的工作原理吗？这项奇妙的发明得益于卫星技术和数学的紧密结合。

覆盖全球

大多数卫星导航设备都使用同一个卫星网络的信号，这个卫星网络叫“全球定位系统”（GPS）。这个卫星网络中有不少于24颗卫星，它们都在太空中围绕地球旋转。

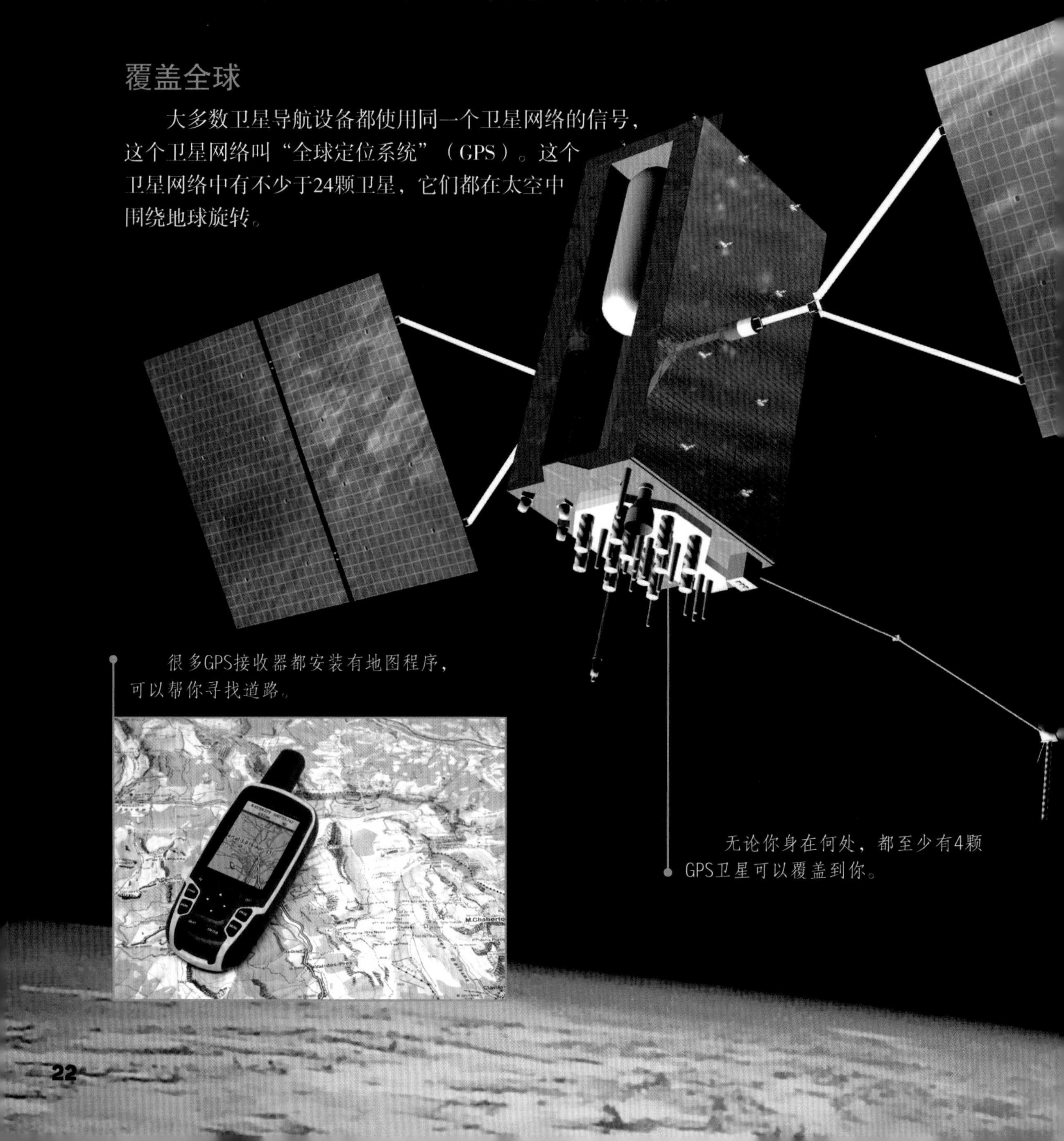

很多GPS接收器都安装有地图程序，可以帮你寻找道路。

无论你身在何处，都至少有4颗GPS卫星可以覆盖到你。

GPS是如何确定你的位置的？

卫星发出信号，汽车上的GPS设备则会接收信号。GPS设备会计算出信号传输需要多长时间，以及它与卫星之间的距离。为了精确计算你的位置，一个GPS设备需要同时接收3颗卫星的信号。

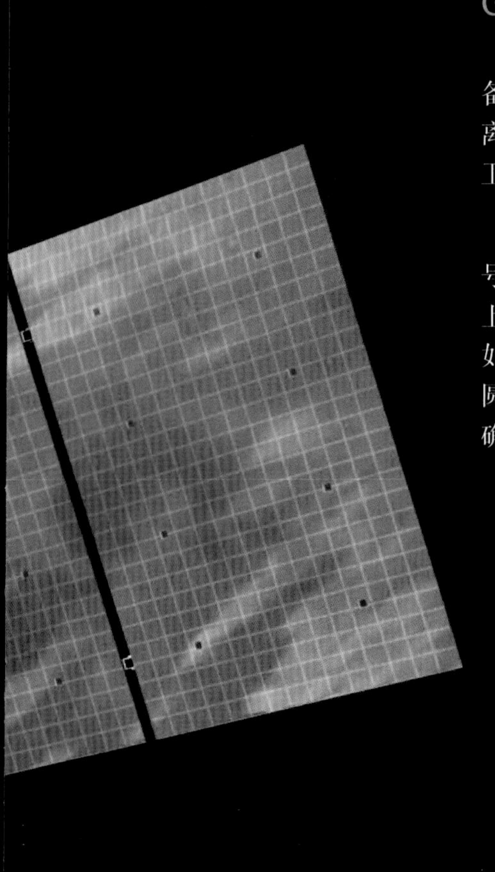

比如，如果你距一号卫星100千米，那么你可能处于以一号卫星为中心、100千米为半径的一个大圆上的任何一个位置上。如果你距二号卫星90千米，同理可以画出第二个大圆。如果你距三号卫星110千米，则可以画出第三个大圆。三个大圆的共同交会点只有一个。GPS接收器经过简单计算，就能确定你的具体位置了。这种定位方法又叫“三边测量”。

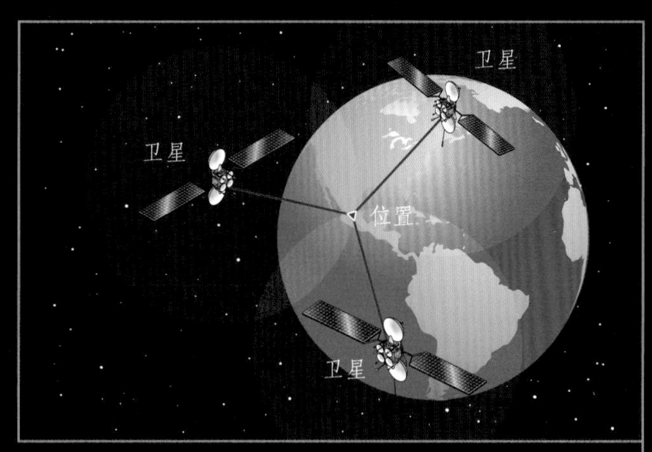

所以无论你身在何处，只需要三颗卫星，就可以精确定位到你的位置。

数学实战！

请用一把尺子、一个圆规做一次三边测量。在一张纸上标出三个点，这三个点大致呈三角形排列，假设这三个点就是你的三颗“卫星”。首先用直尺确定一个距离，然后以这个距离为半径，以“一号卫星”为圆心，用圆规画一个圆；再分别以“二号卫星”“三号卫星”为圆心，重复上述步骤。三个圆的相交点有几个？

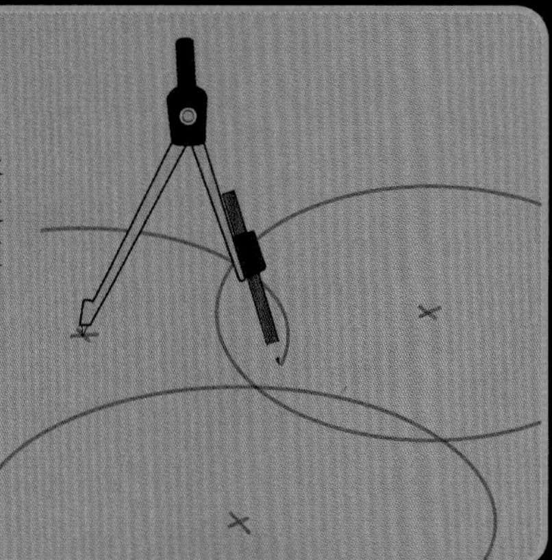

数学实战：答案与小贴士

你是如何完成本书中的10个数学挑战的？这里有正确答案和一些小贴士。

第4页：根据埃拉托色尼的测算方法和问题的条件，可算出地球的周长约为41040千米。我们已知800公里是地球周长的7/360，所以只需算出1/360是多少即可。首先可以用计算器算出800除以7的值（四舍五入后约等于114），这个数字就是地球周长的1/360了。用这个数字乘以360，就可以得到地球的周长：114 × 360＝41040千米。

在埃拉托色尼时代之后，我们有了更多手段来精确测量地球的周长。现在我们知道，地球的周长约为40076千米，所以埃拉托色尼的估算结果已经相当接近了！

第7页：你需要20个拱形结构才能跨过河。这是一道简单的除法题。已知这条河宽100米，每个拱门宽5米。只需用100除以5，就可以得知，答案为20个。

这道题心算起来也不难，你可以在心中将100去掉一个0，这样做起除法来就更简单一些了：10 ÷ 5＝2。然后你再将刚刚去掉的0补上，答案即为20。

第9页：一个星期有10080分钟。首先，你需要计算出一天有多少分钟。这用乘法即可算出（必要时可用计算器辅助）：60 × 24＝1440。也就是说，一天有1440分钟。

再用这个数字乘以7，就得到了最终答案：1440 × 7＝10080。

第11页：你画出的形状更像椭圆还是更像正圆呢？如果系在两根图钉之间的细线非常松，那么你画出的图案会更接近正圆。如果细线并没有特别松弛，则你画出的图案会呈一个更宽、更扁的椭圆。

为了防止绳子和铅笔在图钉上纠缠在一起，你可能需要抬起笔尖，重新调整一两次。

第13页：你的“水透镜”有没有把报纸上的字放大？你可能需要稍微调整一下观察角度。水透镜在放大文字的同时，是否也扭曲了它们？

第15页：三角形应该是完全不会发生变化的。除非三角形的边长发生变化，否则它的角度就不会变化。在那些模型中，三条边的边长是固定的，因此其角度也不

目标数	32	16	8	4	2	1	答案
7				1	1	1	111（4+2+1=7）
14			1	1	1	0	1110（8+4+2+0=14）
25		1	1	0	0	1	11001（16+8+0+0+1=25）
40	1	0	1	0	0	0	101000（32+0+8+0+0+0=40）

第17页的数学挑战。

会发生变化。

正方形很容易变成菱形。六边形则可能变成很多不同的形状，甚至有可能变成一个长方形！

第17页：你可以根据本页上方的表格来计算二进制数。

第19页：1升＝10分升。分的意思是0.1或1/10。如果1分升等于1升的1/10，那么1升肯定等于10分升。

154厘米＝1.54米。厘指0.01或1/100。也就是说，1米等于100厘米，所以154厘米等于1.54米。

3千克=3000克。因为1千克＝1000克，要想知道3千克是多少克，只需用乘法计算：3×1000＝3000。

25毫米=2.5厘米。毫的意思是0.001或1/1000，所以1米等于1000毫米。同时我们知道1米＝100厘米，也就是说，1厘米＝10毫米。所以25毫米就是2.5厘米。

第21页：这个小实验没有标准答案。如果你以糖果作为“元素”，你可能会发现，有些糖果不适合放在表格中的任何位置。你可以按照从小到大的顺序将糖果进行排列。

现在，我们参照元素周期表的排序方法，试着把大小相同或相近的糖果安排到同一列。你能确保同一列里的糖果具有相似的性质吗？

你也可以试着把颜色相同或形状相同的糖果放到同一列。必要的时候，你也可以在表格中适当留白，让这些糖果以更合理的方式排列。

第23页：如果你画对了三个圆，那么它们的相交点应该只有一个，如果三个圆没有共同相交点，可能是你把其中一个或两个圆画得太小了。

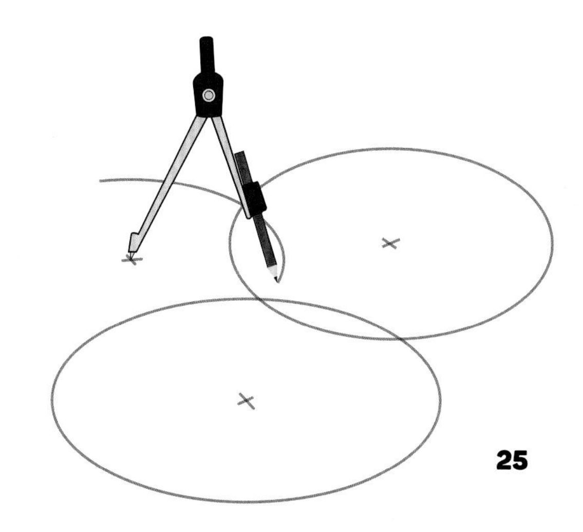

术语表

角：在平面几何中，是指从一个点引出两条射线所形成的图形。角的测量单位是度，写作“°”。

天文学家：以天体以及天体运行规律为研究对象的著名人士。

二进制：一种记数法，采用0和1两个数码，逢二进位。

圆周：平面上一动点以一定点为中心，一定长为距离运动一周的轨迹。

数据：进行各种统计、计算、科学研究或技术设计等所依据的数值。

元素：化学上指具有相同核电荷数的同一类原子的总称，如氧元素、铁元素。

工程师：能够独立完成某一专门技术任务的设计、施工工作的专门人员。

估算：大致推算。

几何学：数学的一个分支，研究空间图形的形状、大小和位置的相互关系等。

相交点：两条或两条以上线条在某一点相交，这个点就是相交点。

里格：古代的长度单位，约为5千米。

经线：假定的沿地球表面连接南北两极而跟赤道垂直的线。

体积：物体所占空间的大小。

质量：指一个物体或特定空间中物质的总量。

透镜：用透明物质（如玻璃、水晶）制成的镜片，根据镜面中央和边缘的厚薄不同，一般分为凸透镜和凹透镜。

显微镜：观察微小物体用的仪器，光学显微镜主要由一个金属筒和两组透镜构成，通常可以放大几百倍到几千倍。

公转：一个天体绕着另一个天体转动。

帕勒桑：古波斯使用的长度单位，相当于里格。

行星：沿不同的椭圆形轨道绕太阳运行的天体，它本身是不发光的，只能反射太阳光。

前缀：加在词根前面的构词成分。

半径：连接圆心和圆周上任意一点的线段叫作圆的半径；连接球心和球面上任意一点的线段叫作球的半径。

杆：古时测量单位，常用于测量陆地上的距离，一杆约等于5米。

卫星：按一定轨道绕行星运动的天体，本身不能发光。

斯塔迪昂：古希腊测量单位，相当于当时一个体育场的长度。

望远镜：观察远距离物体的光学仪器。

度量衡：计算长短、容积、轻重的标准的统称。其中，度是计算长短，量是计量容积，衡是计量轻重。

神奇的数学事实

著名的古罗马斗兽场有一面主要由拱形结构构成的外墙。下面三层每层有80个拱门，它们支撑着巨大的重量。

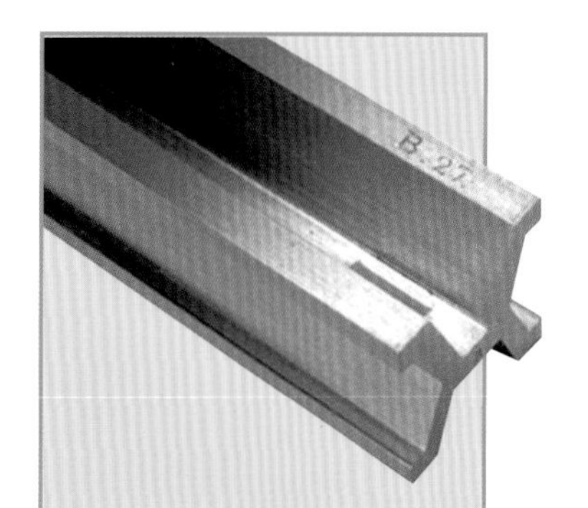

两名法国测量员用6年时间测量地球的周长，这次测量奠定了公制的基础。当一米的长度被最终确定后，法国科学界制作了一把“铂铱合金米尺”，作为一米的标准长度。这把铂铱合金米尺现藏于法国国家档案馆。

在地球的赤道附近，阳光的阴影要明显短于两极。如果一个日晷主要用于赤道附近，那么，将它移动到南半球或北半球，就无法精确计时了。

1900年，法国巴黎世博会展出了一台长达60米的天文望远镜，它使用了两片直径达1.25米的光学透镜，可以将物体放大到500倍以上。

哥白尼并不是第一个提出地球绕太阳运行的人。一位名叫阿里斯塔克（公元前3世纪）的古希腊天文学家早在2200多年前就提出过这个理论。

图书在版编目（CIP）数据

科学中的数学/(英)南茜·迪克曼著;韩佳颐译.—郑州:河南美术出版社,2019.4
（奇妙的数学世界）
ISBN 978-7-5401-4706-8

Ⅰ.①科… Ⅱ.①南…②韩… Ⅲ.①数学—少儿读物Ⅳ.①O1-49

中国版本图书馆CIP数据核字(2019)第070203号

Thanks to the creative team:
Senior Editor: Alice Peebles; Illustration: Dan Newman; Fact checking: Tom Jackson
Picture Research: Nic Dean; Design: Perfect Bound Ltd

奇妙的数学世界：科学中的数学

作　　者：（英）南茜·迪克曼
译　　者：韩佳颐
选题策划：许华伟　张　萍
责任编辑：张　浩
责任校对：谭玉先
特约编辑：连俊超
装帧设计：张　萍
监　　制：王兆阳
营　　销：童立方 / 朗读者
出版发行：河南美术出版社
地　　址：郑州市金水东路 39 号
营销电话：010-57126122
邮政编码：450000
印　　刷：河南瑞之光印刷股份有限公司
版　　次：2019 年 4 月第 1 版
印　　次：2019 年 6 月第 1 次印刷
开　　本：889mm × 1194mm　1/16
印　　张：8
书　　号：ISBN 978-7-5401-4706-8
定　　价：99.80 元（全 4 册）

MATHS IN ART & SPORT ∈ 奇妙的数学世界

艺术和体育中的数学

（英）南茜·迪克曼/著　韩佳颐/译

河南美術出版社
·郑州·

目　录

数学确属美妙的杰作，宛如画家或诗人的创作一样——是思想的综合；如同颜色或词汇的综合一样，应当具有内在的和谐一致。对于数学概念来说，美是她的第一个试金石；世界上不存在畸形丑陋的数学。

——哈代，英国数学家

数学无处不在

艺术、体育和数学看似风马牛不相及，但仔细观察，你会发现，即使在体育和艺术中，数字、角度和形状也几乎无处不在。

节奏与角度

你知道吗？音乐和诗歌的节奏其实是基于数学模式的。篮球运动员投篮的角度会影响命中率。即便看似杂乱无章的画作，其实也是精心排列的，其构图遵循着一定的几何模式。另外，现在的体育教练也越来越关注对选手表现的数据分析了。

简而言之，数学无处不在！

达·芬奇（1452—1519）等画家用几何学原理，使作品显得更加逼真。（见第6—7页）

棒球队经理们则会用统计学知识（比如分析球员的击球记录等）来辅助决策。

遵循规则

物体在图画或照片中的排列方式，称为“构图”。很多艺术家在构图时，都会使用一种简单的规则。

决策

无论是在拍照还是画画时，艺术家都得决定他要展示的主题是什么——也就是把什么东西放在画面里，什么东西不放在画面里。哪些部分最能吸引观众的眼球呢？要想创作出一幅令人难忘的图画，正确的构图是第一步。

从莫奈（1840—1926）的这幅画中，我们可以看出，画面中的两块岩石出现在垂直线上，而海平面则在一条水平线上。

在许多风景照片中，地平线（天地相接处）都位于一条水平网格线上。

吸引眼球

许多艺术家在构图时都遵循所谓的“三分法”。他们会在脑中构思两条水平线和两条垂直线，将画布横竖分为三等份，这样一来就形成了一个三行三列的九宫格，感觉是不是跟拼字游戏的格子差不多?

研究表明，当人们注视一张图像时，他们的目光并不会自然地望向画面的中心，而是会望向这些直线的某个交会点。因此，艺术家们通常把图像最重要的部分放在这些直线上，或是它们的交会点。

数学实战!

从杂志上剪下几张照片，或者在网上找几张照片并打印出来。请用尺子找到“三分法”分割线的位置并画下来。你认为这些照片里哪些看起来最顺眼?它们是否遵循“三分法”?

新维度

世界是以三维形式存在的，即每个物体都有高度、宽度和长度，可是画家的画布是二维的。画家怎样才能在二维的画布上，逼真地展示这个三维的世界呢？

平面的世界

几个世纪以来，绘画作品中的世界都是平面的，没有深度。最重要的人物通常出现在画面中心，而且比其他人物更大一些。这样一来，图中的人物看起来似乎漂浮在空气中，而不是出现在真实世界的背景里。

很多使用透视法的艺术家将他们的作品设计成一扇“打开的窗户”。比如在达·芬奇的名画《最后的晚餐》中，耶稣位于画面的正中，整幅画的消失点就在他的右眼上，并且位于地平线上。

在没有运用透视法的作品中，人物往往排列成一行一行的。

消失点

地平线

一种新方法

到了15世纪，一些艺术家想出了怎样在二维绘画中营造出纵深感。现实生活中，两条铁轨是平行的。但当你看着它们消失在远处时，这两条线似乎就会靠拢或相交。

画家把这种视觉效果运用到绘画中。先选择水平线上的一点作为“消失点”，然后勾勒出画的布局，使画中的平行线在这一点相交。将接近消失点的物体画得小一些，这样它们似乎就在远处了。

数学实战！

用尺子在纸上画一条水平线，然后在这条线上标记一个点，把它当成消失点。然后在画面某处画一个正方形，再画一条直线，将正方形的四个角分别与消失点相连。现在，请在第一个正方形后面画一个较小的正方形，确保它的四个角都与你刚刚画的四条直线相接。最后得出的形状，是不是很像一个三维物体？

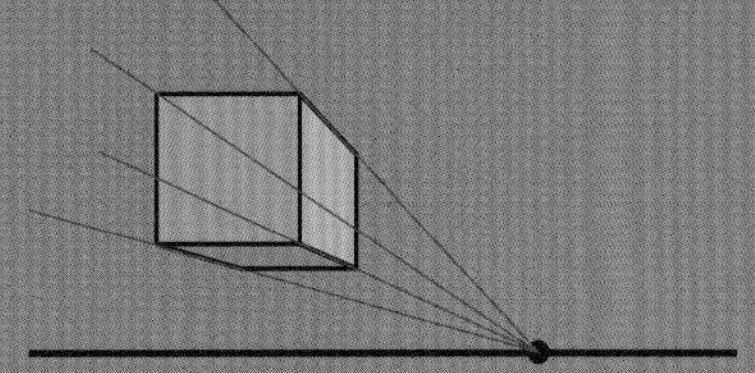

角度问题

电影中的两个角色正在争论着什么。突然间，他们俩好像调换了位置。这是因为导演无意中打破了摄影艺术中一个最重要的原则。

如果所有的镜头都是从同一个角度拍摄的，电影场景就会显得十分无聊。

不同的角度

在任何场景中，导演都可以使用好几种不同的镜头视角。比如第一个镜头可能给了一个演员的脸部特写，第二个镜头就是从第一个演员的肩膀上向第二个演员拍摄。但不管镜头视角改变多少次，观众都得明白这两个角色之间的空间关系。

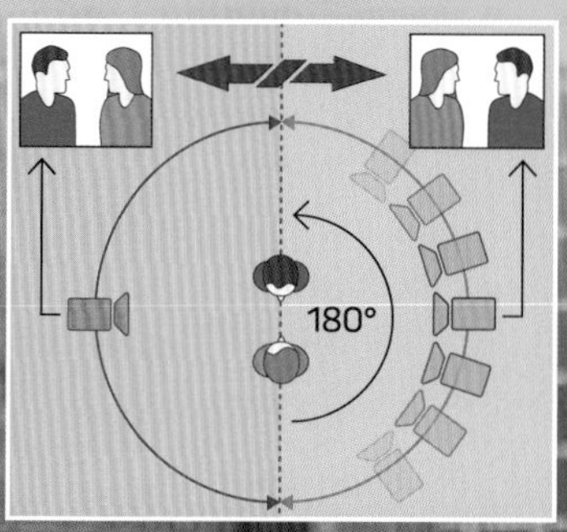

圆和角度

当拍摄一幕场景时，导演通常会遵循所谓的“180°法则”。一个圆可以分成很多块——想象一下被切成一块一块的披萨。每一块都是一个角度，度写作：°。一个圆是360°，180°就是半圆了。通过这个规则，导演就知道如何布置镜头视角了。

如果一幕场景里有两个演员，导演就会画一条想象中的直线，这条直线向两边延伸，直到场景的边缘，将场景分割成两半。场景中的所有镜头都应在直线的同一边拍摄，比如在左面这张照片中，相机位于假想线的右侧。如果镜头移动到假想线的另一侧，两个演员就像突然调换了位置，让观众感到十分困惑。

数学实战！

选择一幕有两个演员在互动的视频片段，画一张草图模拟一下场景布局，如上面的俯视图所示。然后请画一条穿过两个演员的假想线，想一想如果你是导演，你应该把镜头放置在哪里。这个场景是否遵循了“180°法则”？

跟上节奏!

华尔兹就是一种3/4拍的舞曲，也就是每小节有3拍，意味着一名舞者要跳三个舞步。

音乐可以用潮水般的情绪感染我们。但你知道吗？大多数音乐其实是基于重复的数字模式。

什么是节奏?

在音乐中，有些音符持续的时间长，有些音符持续的时间短。在一首乐曲中，这种长短音符交替出现的模式，就构成了它的节奏。不同风格的音乐有着非常不同的节奏。

音乐的节拍

作曲家谱曲时，会把音乐分成一个一个的节拍或小节。有的小节里有很多短音符，而有的小节里只有一两个长音符。但是一首乐曲中，每个小节的时间长度是一样的。

每首乐曲都有一个拍号。拍号由两个数字组成，写法是一上一下，像数学中的分数。上面的数字表示一个小节有多少拍，下面的数字表示以几分音符为一拍。比如一首4/4拍的曲子每小节有4拍，而3/4拍的曲子每小节有3拍，它们的节奏听起来区别是很大的。

拍号写在每首乐谱的开始处。

音乐家“阅读”音符的方法，跟我们“阅读”方程式里的数学符号并没有什么区别。

数学实战！

假设有一首3/4拍的曲子，共有30个小节，那么这首曲子一共有多少拍？假设另一首曲子是4/4拍，总共有80拍，那么这首曲子一共有多少个小节？

感受节拍

当你大声朗诵诗歌时，就会发现，诗歌和音乐一样，也有固定的节奏感，这种节奏感也是基于数学模式的！

诗人创作诗歌时，往往会特意选择符合某种韵律的词汇。

重读

英文单词是由音节组成的。我们读英文单词时，会将某些音节重读，另一些音节轻读。比如，当我们读“pizza”（披萨）这个单词时，会重读第一个音节“pi”，而不是第二个音节“zza”。再比如，当我们读“banana”（香蕉）这个单词时，重读的是第二个音节——也就是第一个“na”，而不是第一个音节“ba”和第三个音节“na”。

说唱歌手结合这种有韵律的用词方式，创造出了一种独特的音乐形式：说唱音乐。

写诗

当你将几个英文单词连在一起读的时候，就会发现重读和轻读音节的组合模式。一行诗歌被分成几个片段，每个片段是一个名为“音步”的音节模式单元。每行诗歌里的几个音步，就构成了诗歌的不同韵律，跟音乐中的小节大同小异。

如果一个音步中有两个音节，前者轻读为“抑”，后者重读为“扬”，一轻一重，故称抑扬格音步。英语诗歌每行一般有4到5个音步。比如：The boy stood on the burning deck（男孩站在燃烧的甲板上），这句诗有4个抑扬格。因为每行有4个音步，又称作四音步抑扬格。

以下是英语诗歌中常见的韵律。符号˘代表轻读，/代表重读。

韵律	每音步音节数	重读	示例
抑扬格	2	˘/	collapse
扬抑格	2	/˘	pizza
抑抑扬格	3	˘˘/	but of course
扬抑抑格	3	/˘˘	happening

下面是三行著名的诗句，它们代表了不同的韵律。

˘ / ˘ / ˘ / ˘ / ˘ /
抑扬格五音步：Was this | the face | that launched | a thou- | sand ships?

˘ ˘ / ˘ ˘ / ˘ ˘ / ˘ ˘ /
抑抑扬格四音步：And his co- | horts were glea- | ming in pur- | ple and gold

/ ˘ ˘ / ˘ ˘
扬抑抑格二音步：Forward, the | Light Brigade!

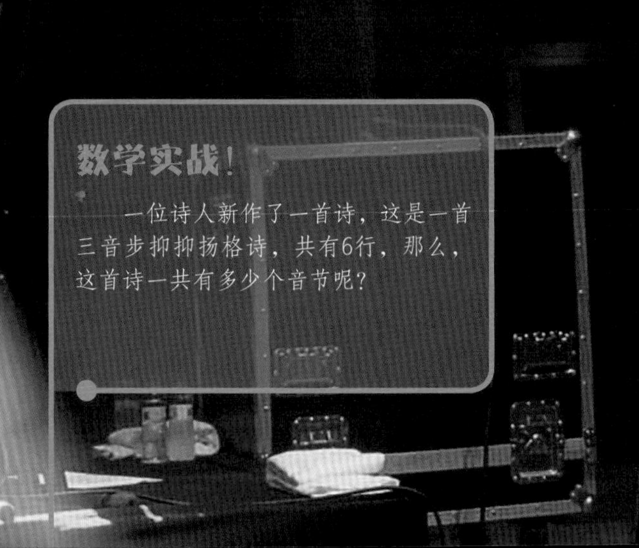

数学实战！

一位诗人新作了一首诗，这是一首三音步抑抑扬格诗，共有6行，那么，这首诗一共有多少个音节呢？

找准角度

在体育赛场上，运动员的球衣和记分牌上都有数字。但对于篮球运动员来说，找准投篮的角度才是最重要的数学技能。

投篮的角度

篮筐离地面的高度是3.05米。篮球运动员将球向前上方抛出后，篮球飞行过程中，重力会将它拉向地面。如果投篮的角度和力量刚刚好，篮球会沿着弧形运动轨迹，正中篮筐。

抛物线

篮球的运动轨迹是一条特殊的曲线，叫“抛物线”。抛物线的顶点两侧呈镜像对称。如果球员以70°角投篮，球就会以70°角入筐。投篮时，球员需要在脑中测算自己的高度，以及他与篮筐的距离，然后决定以什么角度投球。

篮球总是以一定的角度进入篮筐。如果投球的抛物线长而平，球就会以低角度接近篮筐。虽然篮筐的直径是46厘米，但如果入筐的角度只有30°，那么能让篮球入筐部分的直径就只有23厘米了。一般来说，投篮的角度高一些，篮球入筐空间就会更大些。

投篮的抛物线越高，投进的机率就越大。

数学实战！

篮球场是一个长方形，国际标准的篮球场长28米，宽15米。长方形的周长是它四条边的长度总和。你能算出这个球场的周长吗？

高尔夫球的学问

在高尔夫球运动中，我们是用球杆击球的，而不是像篮球那样用手投球。但如果你想击球进洞，角度依然十分重要。

障碍区

高尔夫球场里设有斜坡、水塘和沙坑等障碍区。球手每次击球前，都要决定他想把球打到哪个位置。由于高尔夫球落地后还会滚动一段距离，所以要达到理想效果很有难度。

击球角度

高尔夫球和篮球一样，被击出后也是沿抛物线运动。同样力度下，如果击球的角度过低，球就不会飞得很高，但会飞得较远；如果击球的角度很高，球就会飞得很高，但不会飞得太远。选手之所以有时会选择高角度击球，是因为这样的话，球落地后不会滚动得太远。

高尔夫球手的球包里有好几把球杆，每把球杆都有些不同之处。球杆的面（也就是用来击球的平面部分）和杆身之间形成了一个角度。如果这个角度近乎垂直，就适合击出长低球；如果这个角度较大，就适合击出高短球。

想知道怎样选择最适合的球杆，怎样正确地击出不同类型的球，需要大量的练习。

球杆杆面倾斜程度叫杆面倾角。

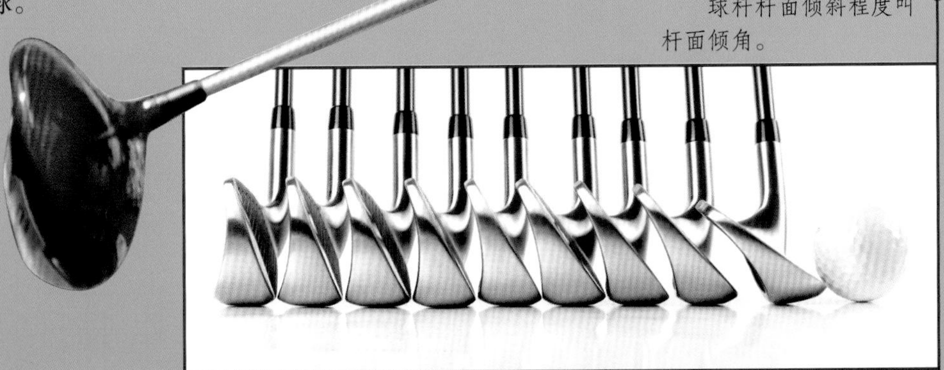

推杆是用来推动高尔夫球进洞的一种球杆。它的杆面几乎没有任何角度。

数学实战！

一个高尔夫球球手想通过三次击球，将球打进距离她250米的洞中。她第一杆打了150米，第二杆打了80米，那么第三杆需要打多少米？

旋转

花样滑冰运动员在冰面上滑行时，看起来似乎毫不费力，其实她无时无刻不在思考着角度和旋转的问题。

旋转的艺术

大家在花样滑冰比赛中都看到过这样一幕：滑冰运动员可以在冰面上原地快速旋转。在旋转过程中，她会变换身体的姿势，有些姿势可以使她旋转得快一些，而有些姿势则会让她慢下来。

运动的物体是有动量的，动量指物体在它运动方向上保持运动的趋势。花样滑冰运动员如果不做减速动作，就会继续旋转下去，直到有一股力量使她减速。从冰刀刀片到头部的假想线形成了她旋转的轴线。身体离轴线越远，旋转速度就越慢。而如果她的身体大部分处于旋转轴线上的话，她就会继续保持旋转的速度。

当你快速旋转时，要花很大的力气才能保持身体的紧绷。

空中旋转

为了让评委打高分，花样滑冰运动员会跳到空中迅速旋转，然后优雅地落在冰面上。空中旋转需要技巧、力量和完美的时机，缺一不可。为了尽可能快速地旋转，运动员要将两只脚交叉，将双臂和下巴紧贴在胸口处，这个姿势可以保持她的动量。

左图中的这个姿势可以让滑冰运动员减慢旋转速度，此时她的一只腿向前伸直，使一部分重量远离了轴线。

左图中的滑冰选手整个身体都处在接近轴线的位置，所以能够快速地旋转。

数学实战！

一个滑冰选手需要用6次跳跃来完成一组动作，其中一跳要旋转4圈，另一跳要旋转2圈，其余4跳都是旋转3圈，请问她总共要转多少圈？

点球的预判

在足球比赛中，点球大战是最令球迷精神紧张的时刻，主罚队员要和守门员一对一过招，这既是意志和技巧的对决，也是一场数字之战。

点球是公平的对决吗？

足球的球门一般宽7.32米，高2.44米。罚球点距离球门线仅11米，球被射出后，飞行速度也非常快。如果守门员等球被踢出后才决定往哪个方向扑救，肯定来不及了。所以，点球对主罚队更有利。

点球手射门的力度越大，留给守门员的反应时间就越短。

守门员应该知道的数学知识

守门员会预先判断点球手可能从哪个方向射门，还应当提前了解点球手喜欢用左脚还是右脚射门，以及罚点球时喜欢射向哪个方向。另外，点球手射门前的助跑方向，对于守门员预判点球也是有帮助的。

点球手如果从自己擅长的方向射门，当然会射得更准一些。但如果他总是朝同一个方向射门，守门员也就知道该往哪个方向扑救了。所以点球手应该混淆守门员的判断，让守门员没那么容易预测到自己的射门方向。同理，守门员也不能总是朝同一个方向扑球。双方都必须权衡所有因素再做出自己的决定。

这张图展示了世界杯点球大战中点球手的射门方向。空心圆表示被守门员成功扑救的点球。

从这张图中，你可以看到球门的尺寸，即便是一个2米高的守门员，也不可能护住整个球门。

数学实战！

一个点球手射门后，足球以每秒55米的速度向球门飞去，球门距离罚球点11米，足球要飞多久才能到达球门？

体育中的统计学

不仅足球守门员要靠数据来赢球，如今所有的体育项目，都需要通过分析数据，来找到最佳的获胜方式。

一名击球手需要了解他面对的投球手的投球风格和平均投球速度，这些数据能帮他击中投球手投出的球。

分析数据

20世纪90年代末，一位名叫比利·比恩的棒球经理改变了以往球队选择球员的方式。他没有凭直觉去选人，而是看球员的表现数据。他发现，在特定领域表现出色的球员，可以为球队获得更多的比分，进而赢得比赛。比利便采用这种方法来选拔球员，很快，其他球队的经理也争相效仿。

超级统计学

统计学是数学的一个分支，它是一门教人如何收集、分析数据，进而寻找其中规律的学科。比如在足球比赛中，球队会记录一名球员每场比赛传了多少次球、跑了多远的距离、成功抢断了几次对方的球，等等。教练组则根据这些数据，有针对性地安排相应的训练。

科技的快速发展使我们有了更多可以分析的数据。比如很多运动员都穿着高科技的背心，这种背心里有一个GPS接收器，还有一些用来追踪运动员的跑动距离、冲刺速度和心率等数据的装置。赛后，这些数据可以下载到手机或电脑中进行分析。

观看和分析比赛录像，也有助于球队提高成绩。

运动员在训练时经常穿着这种追踪背心，但不是所有运动都允许运动员穿这种背心参赛。

数学实战！

在某场棒球比赛中，一个投手要面对30个击球手。他将5个击球手保送一垒，9个击球手击中了球，安全抵达本垒，10个因地滚球出局，其余的三振出局。那么击球手三振出局的比例是多少？

数学实战：答案与小贴士

你是怎样成功破解本书中的10个数学挑战的？以下是正确答案及一些小贴士。

第5页：当你把网格画到照片中时，你发现了什么？作品的哪些部分被放在了网格线的交会点上？你觉得遵循了三分法的作品更吸引人吗？

第7页：这道题没有标准答案，不过你练习得越多，透视图就会画得越好。如果你画出的形状看起来不太对，那就检查一下正方形的每个角是否都连接到了消失点所在的直线上。

第9页：画俯视布局图，你要想象自己是一只鸟，或一架无人机，正从场景的上方飞过。先添加两个角色，然后再添加其他元素，比如建筑或家具等。你不用完善每一处细节，两个角色的位置才是最重要的，在画出穿过两个角色的直线时，要确保直线的两端延伸至整个画面边缘。现在你就可以找到放镜头的位置了。

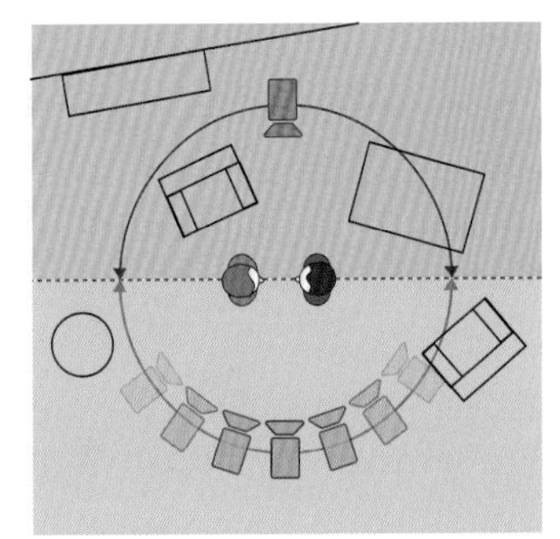

第11页：问题一中的歌曲一共有90拍。如果它是以3/4拍写成的，每个小节就有3拍。因为一共有30个小节，所以答案是：$3 \times 30 = 90$。

问题二中的歌曲共有20小节。如果它是以4/4拍写成的，那么每个小节就有4拍，这首歌总共有80拍，因此你需要做除法：$80 \div 4 = 20$。

第13页：这首诗共有54个音节。要算这道题，你需要算出每一行诗有多少个音节。这首诗是三音步抑抑扬格，所以每行有3个音步（抑抑扬格），每个音步有3个音节。$3 \times 3 = 9$，所以每行有9个音节。这首诗共有6行，以9乘以6，就得到了音节的总数：$9 \times 6 = 54$。

第15页：篮球场的周长是86米。要计算出周长，需要将篮球场的四条边长相加。一个长方形的篮球场有两条28米的边和两条15米的边，$28+28+15+15=86$。

你也可以通过乘法来计算：

28×2＝56

15×2＝30

然后将两个数字相加：

56+30＝86。

第17页：该高尔夫球球手最后一杆需要打出20米，将前两杆打出的距离相加：

150+80＝230

球洞到起点的距离是250米，所以：

250−230＝20。

跳跃次序	旋转数
1	4
2	2
3	3
4	3
5	3
6	3

第19页：该滑冰运动员的这套动作总共需旋转18圈。你已经知道了她需要跳跃6次，现在需要算出的是在每次跳跃中旋转几圈。我们可以做一个表格，如上表：将右侧的旋转数相加，结果是18。

第21页：球需要1/5秒（0.2秒）到达球门。这个问题有点难度，因为足球不到一秒钟就会飞完全程。如果你会算乘法，你就知道11×5＝55。也就是说，在一秒钟时间里，足球会飞55米。所以要走完11米，它只需要五分之一秒（0.2秒）。

第23页：要回答这个问题，首先你要清楚有多少个击球手被三振出局。投手总共面对30个击球手，已知5个被送上一垒，9个击中，10个地滚球出局，所以这是一个简单的减法问题：30−5−9−10＝6。

现在，你就可以计算三振出局的球员（6人）与总人数（30）的比例了。它可以用除法算出：6÷30＝0.2，即20%。

如果你背过九九乘法表，就会知道6×5＝30，6正好是30的1/5，而1/5又等于2/10，可以写成0.2或20%。

术语表

几何学：数学的一个分支，研究空间图形的形状、大小和位置的相互关系等。

角：在平面几何中，是指从一个点引出两条射线所形成的图形。角的测量单位是度，写作“°”。

维度：几何学及空间理论的基本概念。构成空间的每一个因素（如长、宽、高）叫作一维，如直线是一维的，平面是二维的，普通空间是三维的。

轴线：在几何学中，指可以把平面或立体分成对称部分的直线，可用来描述一个物体或三维图形能绕其旋转的假想的直线。

旋转：物体围绕一个点或一个轴线做圆周运动。

相交：在几何学中，用来描述两个几何图形之间的关系，意为交叉。

平行：两个平面、一个平面内的两条直线或一条直线与一个平面始终不能相交，叫作平行。

垂直线：两条直线相交所构成的四个角中，如果有一个角是直角，就称这两条直线互相垂直，其中一条直线叫作另一条直线的垂直线。

水平线：水平面上的直线以及和水平面平行的直线。

规律：事物之间内在的必然联系，决定着事物发展的必然趋向。

质量：一个物体或特定空间中物质的总量。

力：物体之间的相互作用，它是使物体获得加速度和发生形变的外因。力有三个要素，即力的大小、方向和作用点。

万有引力：存在于任何物体之间的相互吸引的力。简称引力。

GPS（全球定位系统）：通过导航卫星对地球上任何地点的用户进行定位并报时的系统。

构图：绘画、摄影或其他艺术创作中，根据题材和主题思想的要求，把要表现的 形象适当地组织 起来，构成协调 的完整的画面。

透视法：一种用线条或色彩在平面上表现立体空间的方法。

消失点：平行线的视觉相交点。如当你沿着铁路线去看两条铁轨，沿着公路线去看两边排列整齐的树木时，两条平行的铁轨或两排树木连线会交于远处的某一点，这个点在透视图中叫作消失点。

分数：把一个单位分成若干等份，表示其中的一份或几份的数，是除法的一种书写形式。

小节：音乐节拍的段落，乐谱中用一竖线隔开。

韵律：指诗词中的平仄格式和押韵规则，可引申为音响的节奏规律。

音节：从听觉上最容易分辨出来的最小的语音单位。

神奇的数学事实

根据美国高尔夫球协会规定，在高尔夫球比赛中，球手可以在球包里携带14根球杆。所以他有很多杆面角度可选。

一些艺术家在构图时经常使用黄金分割法。这种方法与三分法类似，但网格线会根据“黄金比例”稍作调整。大自然中有很多事物符合黄金比例。

投篮时，有时瞄准篮筐斜上方的篮板，投一个“擦板球”，进球机率会更大，因为它使篮球有了更好的入筐角度。

棒球统计数据的研究是一项很热门的活动，它还有一个特别的名字：棒球统计学。

有时电影导演故意打破180°法则，用突然交换位置产生的陌生感与不和谐感，给观众带来较大的视觉冲击。

图书在版编目（CIP）数据

艺术和体育中的数学/(英)南茜·迪克曼著;韩佳颐译.—郑州:河南美术出版社,2019.4
（奇妙的数学世界）
ISBN 978-7-5401-4706-8

Ⅰ.①艺… Ⅱ.①南…②韩… Ⅲ.①数学—少儿读物Ⅳ.①O1-49

中国版本图书馆CIP数据核字(2019)第070202号

Thanks to the creative team:
Senior Editor:Alice Peebles; Illustration:Dan Newman; Fact checking:Tom Jackson
Picture Research:Nic Dean; Design:Perfect Bound Ltd

豫著许可备字-2019-A-0059

奇妙的数学世界：艺术和体育中的数学

作　　者：（英）南茜·迪克曼
译　　者：韩佳颐
选题策划：许华伟　张　萍
责任编辑：张　浩
责任校对：谭玉先
特约编辑：封路路
装帧设计：张　萍
监　　制：王兆阳
营　　销：童立方 / 朗读者
出版发行：河南美术出版社
地　　址：郑州市金水东路 39 号
营销电话：010-57126122
邮政编码：450000
印　　刷：河南瑞之光印刷股份有限公司
版　　次：2019 年 4 月第 1 版
印　　次：2019 年 6 月第 1 次印刷
开　　本：889mm × 1194mm　1/16
印　　张：8
书　　号：ISBN 978-7-5401-4706-8
定　　价：99.80 元（全 4 册）

MATHS IN SPACE

∈奇妙的数学世界

宇宙中的数学

（英）南茜·迪克曼/著　韩佳颐/译

河南美術出版社
·郑州·

目　录

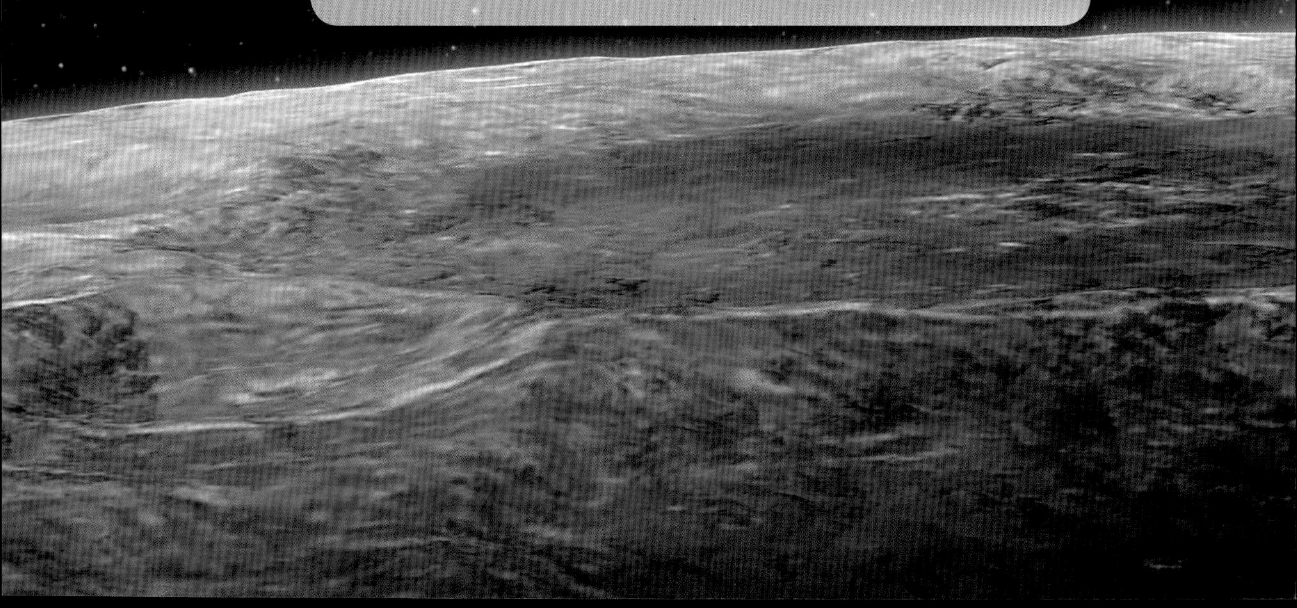

我们都生活在一个无比庞大的数学物体里。

——马克思·泰格马克，瑞典物理学家

数学无处不在

如果你认为数学只是学校里的一门课程，那你可太小瞧它了。数字、形状和温度都在塑造宇宙的过程中发挥着作用。

数学是宇宙中一只看不见的手

你知道吗？小到一块水晶，大到像银河系这样庞大的星系，它们的形状都是有规律的。你知道吗？日食其实是由数学上的巧合形成的。宇宙浩瀚无垠，复杂得难以想象，但它仍然遵从着一些基本规律，而且其中许多都是数学规律。宇宙中的一些天体要么个头太小，要么离我们太远，我们很难清晰地看到它们。但是我们却能通过数学计算出它们的存在。

所谓“天狗食日”，其实也是数学在作怪！月球的大小、形状和它与地球的距离，使它能恰好完美地遮住太阳。（见第10—11页）

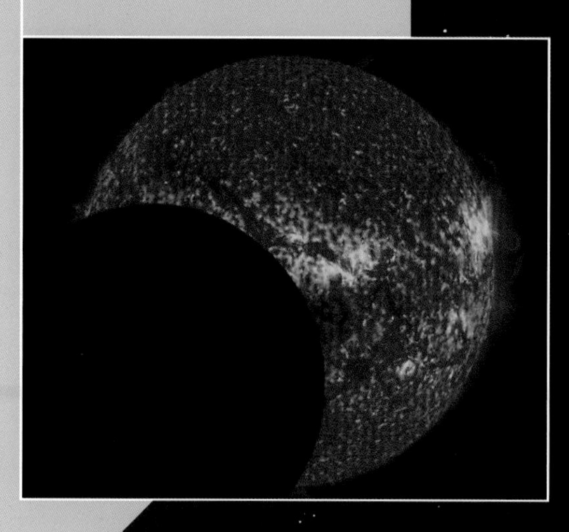

科学家的数学计算
对发现海王星起到了重
大作用。

球形的世界

众所周知，我们生活的地球是球形的，月亮、太阳和其他我们所知的行星都是球形的。实际上，在宇宙中，超过了一定大小的天体大多数都呈球形。这是为什么呢?

万有引力

引力就是物体间相互吸引的力。物体的质量越大，它的引力就越大。对于像行星这样的庞大物体来说，它在所有方向上的引力是相等的，所以一切都要承受向中心的引力。这样一来，行星就变成了球形。不管行星是由气体还是由岩石构成的，它的引力效果都是一样的。

而对于慧星和小行星这种小一些的天体，虽然它们也受引力的影响，但由于它们的质量比行星小得多，因此引力也就弱得多，不足以将它们变成完美的球形。

小行星艾达（243Ida）的宽度只有31千米左右，引力远不足以使其形成球体。它有一颗小卫星——艾卫（Dactyl）。下图是由伽利略号探测器拍摄的。

月球虽然比地球小，但引力也足够使它形成一个球体了。

不太完美的球体

大多数球形天体都围绕着一根中心轴做自转运动，这根中心轴其实是一根想象中的轴线。有些大型天体由于自转速度的原因，中部有些凸出，因此并非一个完美的球形，而更像是一颗被人坐得有点扁的篮球。

木星的自转速度非常快，其赤道部分微微向外凸出。

数学实战！

从地球上看，月亮就像一个圆盘。我们发现，任何圆形的周长都可通过圆周率（π）计算出来。圆周率是一个约等于3.14的常数。我们用圆的半径（即圆心到边缘的长度）乘以2，再乘以圆周率π，就可得出圆的周长。你可以试着用计算器算算一颗半径100千米的小行星的周长是多少。

宇宙中的对称

球体是对称的。也就是说，如果你从中间将它一分为二，得到的两个半球将是一模一样的。宇宙中的很多星系也是对称的，不过它的对称方式与球体不太一样。

巨大的星系

星系是巨大的恒星群，一个星系通常包含几十亿甚至上百亿颗星星。当然了，星系也是由引力维系在一起的。大多数星系长得就像一张老唱片。星系也是在缓缓旋转的，因此它们通常拥有很多长长的螺旋状“手臂”。

M81星系就是一个具有旋转对称性的螺旋星系。

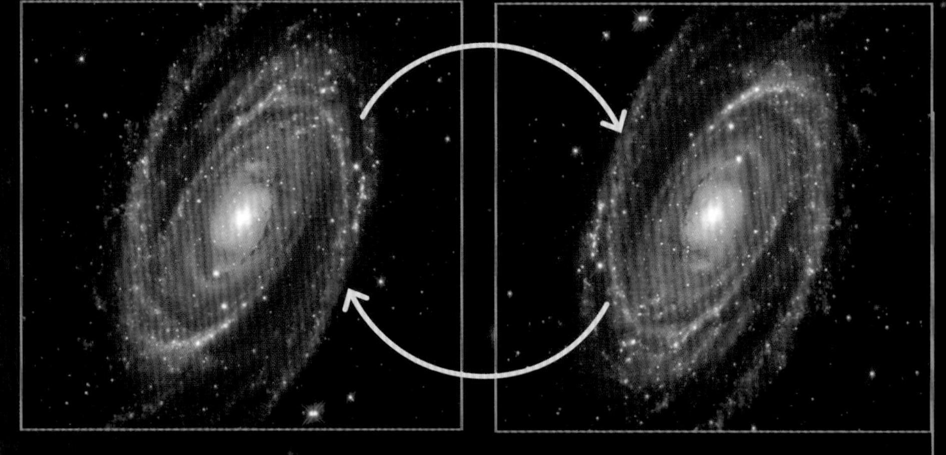

右图的M81星系已经旋转了180°，但它的形状仍然与左图一致。

旋转

由一条对称轴区分，对称轴左右两边完全一样的对称，叫“镜像对称”，顾名思义，就是类似镜子中的影像。而螺旋星系并不是呈镜像对称的。如果你在星系的正中间画一条线，你会发现，这条线的左右两边虽然看起来很像，却并非互呈镜像。有些螺旋星系呈现出另一种对称方式，叫作“旋转对称”。

如果你将一个旋转对称的物体绕着它的中心点旋转，不到一圈，你就会发现，它和初始形状完全重合了。有些旋转对称的物体旋转到四分之一圈或三分之一圈时就会和初始形状重合。一般来说，螺旋星系通常旋转半圈（也就是180°）时就会与初始形状重合。

这个图案也具有旋转对称性，将它旋转三分之一圈，它的图像会和初始形状完全一致。

数学实战！

请试着设计一艘具有旋转对称性的宇宙飞船或外星生命形式。完成后，请在你的草图上覆盖一张薄薄的描图纸，将你的草图轮廓描下来。然后慢慢地旋转描图纸，看当旋转到一定角度时，两幅图的轮廓是否重合。如果重合了，就说明你的设计具有旋转对称性。

“月有阴晴圆缺”的奥秘

月亮有时像圆盘，有时却是一个弯弯的月牙。但是月亮其实是一个球体，它为什么会这样变化形状呢?

反射太阳光

月亮本身是不发光的，它只能反射来自太阳的光线。因此，无论什么时候，月亮只有朝向太阳的那一半是明亮的，而背向太阳的那一半则处在黑暗中。

月亮每个月绕地球运行一圈。在月亮绕地球运行的过程中，我们看到的月亮向日面往往并不是完整的。当地球、月亮和太阳处在一线直线上，且月亮和太阳分别位于地球两侧时，我们就能看见完整的月球向日面，也就是满月。

即便在白天，我们也经常能看见月亮，并观察到它的形状变化。

一弯新月也是如诗如画的美景。

角度的作用

如果将地球看作一个顶点，那么太阳、月亮与地球就形成了一个角度。众所周知，一个角度是不可能大于360°（周角）的。当月亮、太阳和地球成90°直角时，我们刚好能看到月亮的一半向日面、一半背日面。从地球上看，这时的月亮就像一个半圆形。

右图展示了从地球上看月亮的8个月相（也就是月亮位置的相对变化）。虚线代表了你的视线，外圈那些更大的月亮则代表了在对应月相上，你能看见的月亮形状。

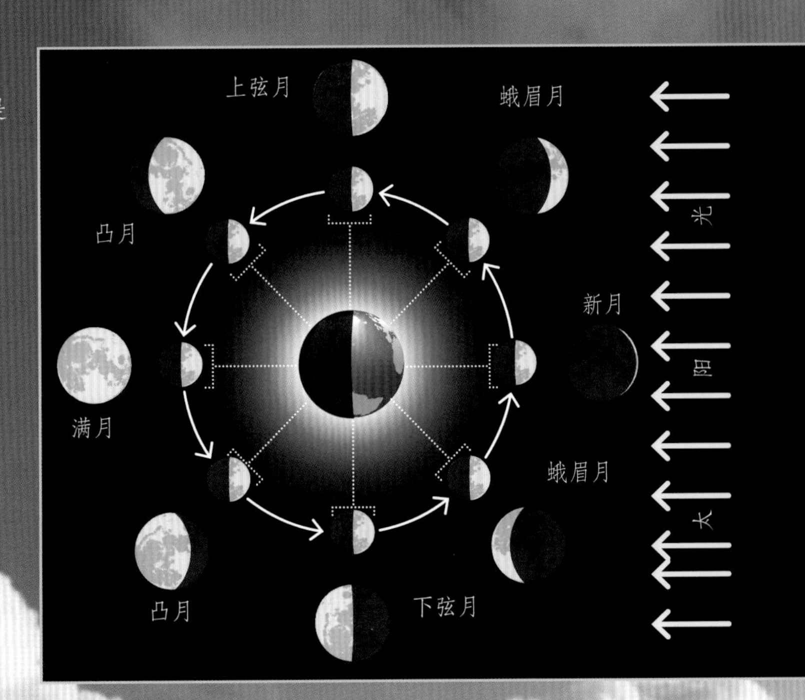

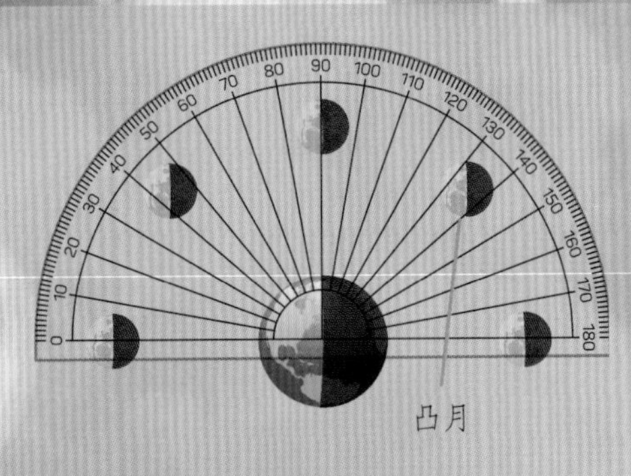

数学实战！

请用量角器测量这张图中地球、太阳和月亮的角度。请确保中心点位于地球的正中，0°角应与左边的太阳光线对齐。当月相为凸月时，所得的角度是多少？

日食与月食

日食是一种罕见而非常壮观的天文现象。当月亮缓慢遮住了太阳时，就会发生日食。此时气温会有所下降，晴空会突然变得如同黑夜一般。

太阳

直径：1392000千米

与地球的距离：约150000000千米

当地球移动到月亮和太阳之间时，就会发生月食。

月亮挡住了太阳

要想看到日全食，地球、月亮、太阳必须完美地处在一条直线上。当月亮运行经过地球和太阳中间时，就会遮挡住太阳光，并在地球上投下一个巨大的阴影。如果你恰好幸运地位于这个阴影地区里，你就会发现，太阳在这几分钟里消失不见了。

太阳很大，离我们很远

我们能看见完美的日全食，这实在是一个幸运的巧合。太阳的直径大约是月亮的400倍。如果太阳到地球与月亮到地球的距离一样，那我们看见的太阳就会有月亮的400倍那么大。

幸运的是，太阳离我们要比月亮远得多了！一个物体离我们越远，看起来就会越小。太阳离地球的距离也恰好是月亮与地球距离的400倍左右，因此，太阳和月亮在天空中看起来几乎是一样大的。在发生日食时，月亮也刚好能完全遮住太阳。在太阳系里，除了地球以外，没有任何行星有这样一颗大小刚刚好的卫星。所以说，太阳系中只有地球人能看见完美的日全食，火星人、金星人（如果他们存在的话）就没有这样的眼福了！

月亮

直径：3476 千米

与地球的距离：约384400千米

日全食

日偏食

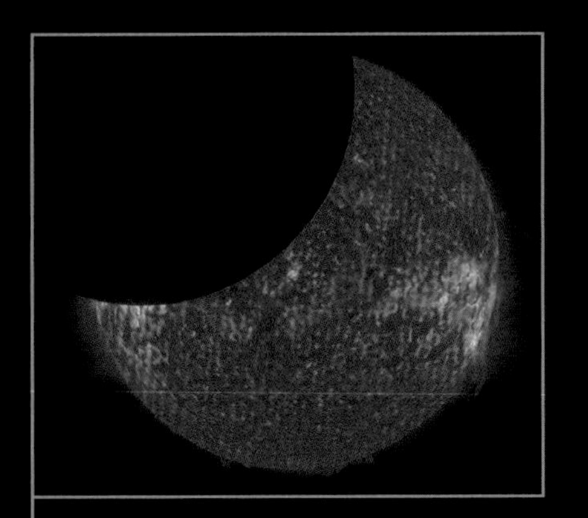

当日食开始发生时，月亮似乎“吃”掉了太阳，这就是中国古人眼中的“天狗食日”现象。

数学实战！

木卫三是木星最大的卫星，直径约为5300千米。太阳的直径约为1400000千米。太阳比木卫三大多少倍？请用计算器算出。

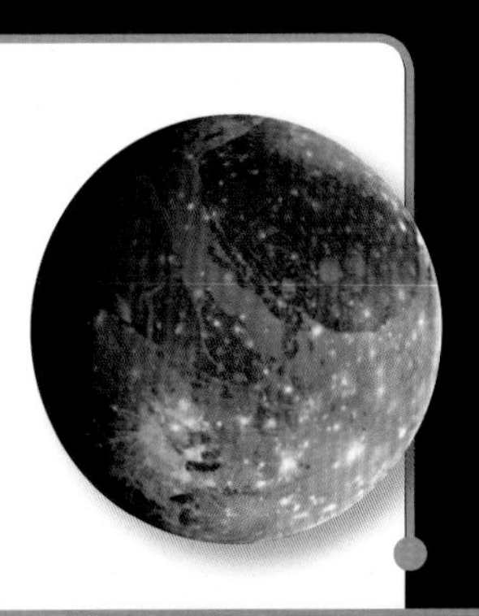

用数学寻找行星

有些天体是通过望远镜发现的，但是还有一些天体是科学家们先用数学“算”出了它们，然后才用望远镜证实了它们的存在——比如海王星。

*本图中，行星离太阳的距离并非真实比例。

神秘的行星

1781年，天文学家们通过望远镜发现了天王星。天文学家们追踪了天王星的运行轨迹，发现它的轨道与他们预计的不太一样。一定是有另一个大型天体的引力在影响它的轨道。

于是，数学家们开始计算那颗神秘天体的位置。1846年，法国的勒威耶（1811—1877）公布了他的计算结果。一名天文学家随即使用自己的天文望远镜搜索勒威耶在论文里提到的位置，结果不到一个小时就发现了海王星。

勒威耶成功预测了海王星的位置，使他名声大噪。

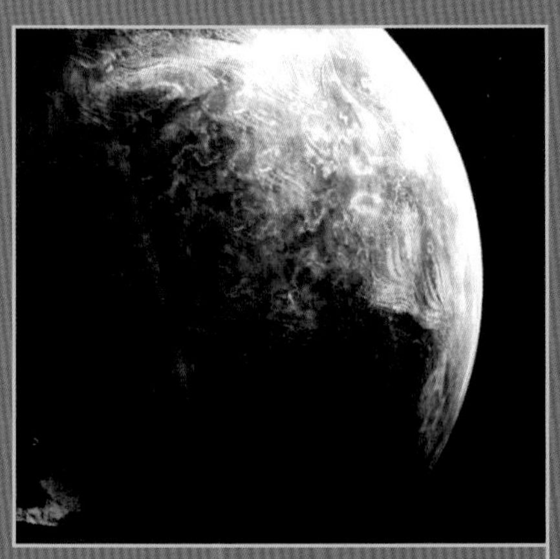

海王星的名字来自罗马神话中的“海神”尼普顿（对应古希腊神话中的海神波塞冬）。

计算错误？

从前有个叫约翰·波得（1747—1826）的天文学家，他试着用数学来预测行星的位置。在波得看来，行星之间的距离似乎遵循着某种数学模式。当天文学家们发现天王星时，它的位置恰好符合波得归纳出的数学模式。波得是不是发现了一条了不起的定理呢？

根据“波得定律”，火星和木星之间应该还有一颗行星，后来小行星带的发现填补了这颗“丢失的行星”的位置。不过海王星完全不符合这一定律。如今，天文学家们认为“波得定律”只是巧合而已。

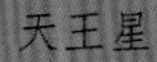

天王星

行星与太阳的距离越远，行星与行星之间的间距就越大。

海王星

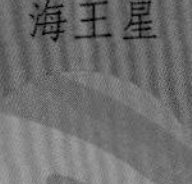

数学实战！

按说明填写表格，看看波得是怎样算出他预测的距离的。最后的数字单位为天文单位（用符号AU表示，1天文单位=149597870千米）。

	水星	金星	地球	火星	小行星带	木星	土星	天王星	海王星
将左侧的数字乘以2	0	3	6	12	24	48	96		
将上面的数字加4	4	7	10	16	28	52	100		
将上面的数字除以10	0.4	0.7	1.0	1.6	2.8	5.2	10.0		

要想算出海王星与太阳的距离，你需要将黄色格子中的数字乘以地球与太阳的距离。如果“波得定律”是正确的，那么这就是海王星离太阳的距离了——可实际上并非如此！

液体、固体与气体

恒星是由气体构成的，金星是一颗固体星球，而地球的海洋却是液体。这些不同的形态是由温度不同导致的。

温度与状态

科学家们一般以摄氏度（℃）为单位测量温度。零下273℃是能达到的最低温度。在这个温度下，几乎所有的物质都会变成固体。但每种物质都有一个“熔点”，到达了这个温度，固体就会变成液体。此外，还有“沸点”，到了这个温度，液体就会变成气体。

水的熔点是0℃，沸点是100℃。地球大气中气体的沸点一般要比这个温度低得多。如氮气的沸点是零下196℃。也就是说，大气中的氮气要想变成液态，气温必须要降到-196℃以下。

木卫二的内部温度较高，足以创造一个充满液态水的海洋。但它的表面温度极低，将海洋的表面冻成了一个大冰壳。

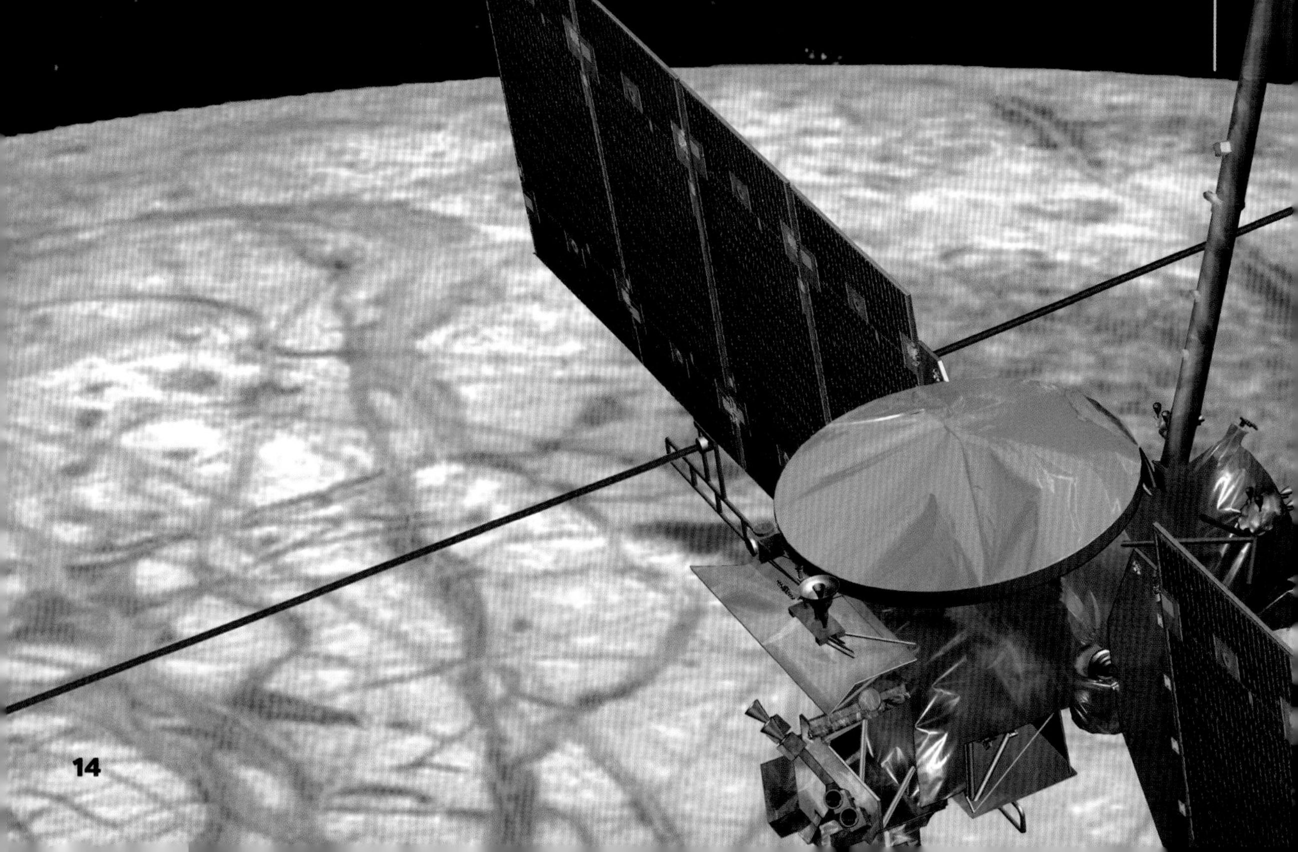

土卫六表面的蓝色区域就是甲烷湖泊。

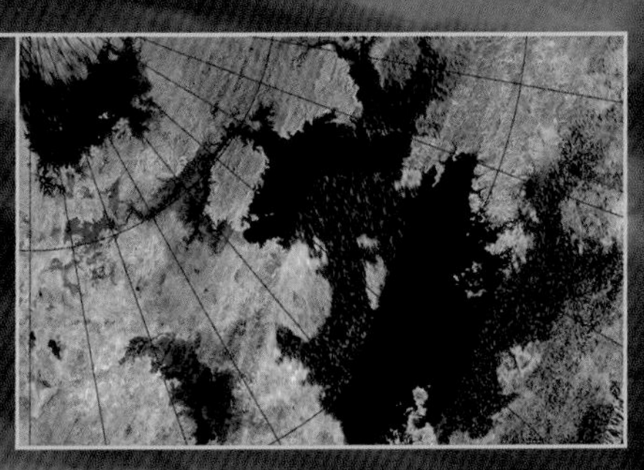

液体世界

土星的卫星土卫六是太阳系中唯一一颗表面存在液体的卫星。然而土卫六上的温度极低，水在那里马上就被冻成了冰。土卫六上的湖泊是由液态甲烷构成的。在地球上，甲烷是呈气态的，但土卫六上的低温却使它成了液体。

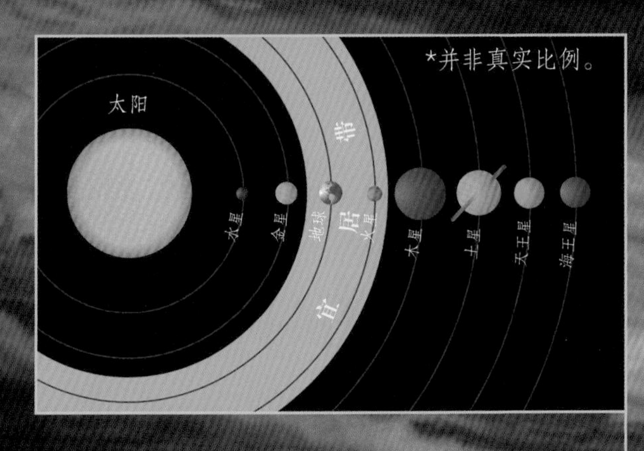

在一个恒星系统中，处于宜居带上的行星一般不太热也不太冷，正好能够使水以液态存在，这是生命的必要条件。有一颗离我们很遥远的行星开普勒-186f就是这样一颗宜居行星，它与恒星的距离不远不近，恰好可以拥有液态水。

数学实战！

黄金的熔点是1064℃，沸点是2970℃。这两个数字相差多少摄氏度？（如果需要，请使用计算器）

“日渐消瘦”的彗星

每隔76年，哈雷彗星就会与地球擦肩而过一次。每当我们再次见到哈雪彗星，就会发现它比上次小了一些……

冰冷的访客

彗星是由太空岩石、尘埃、冰块和冰冻气体组成的。它们沿着很长的环形轨道绕太阳旋转，每隔多年与我们匆匆一会，然后又消失在太空深处。

感受热量

当彗星沿着轨道接近太阳时，它的温度开始升高，彗星上的固态气体也就恢复了气态。这样彗星身边就产生了一个大气层（天文学术语称之为“彗发”）。在太阳风的推动下，彗星上的大气和尘埃被推向了它的身后，形成了一条长长的“尾巴”。

这就是为什么中国人形象地称彗星为“扫帚星”。彗星每绕太阳运行一周，就会损失少量质量。比如哈雷彗星的直径大约是15千米左右，每绕太阳运行一周，它都会损失大约6米厚的岩石和冰层。在围绕太阳运行无数圈后，哈雷彗星的质量将所剩无几，最终彻底分崩离析。

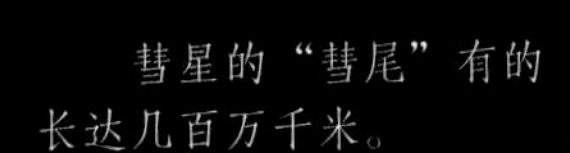

彗星的“彗尾”有的长达几百万千米。

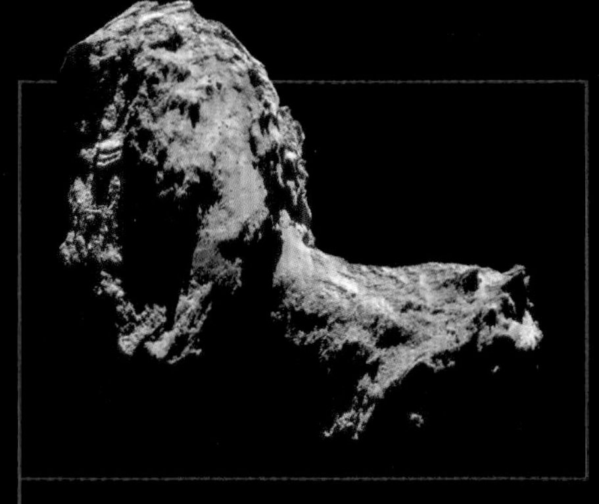

2014年，罗塞塔号彗星探测器开始成功围绕一颗叫作67P的慧星运行，它拍摄的照片也得以让我们一睹这位天外来客的真容。

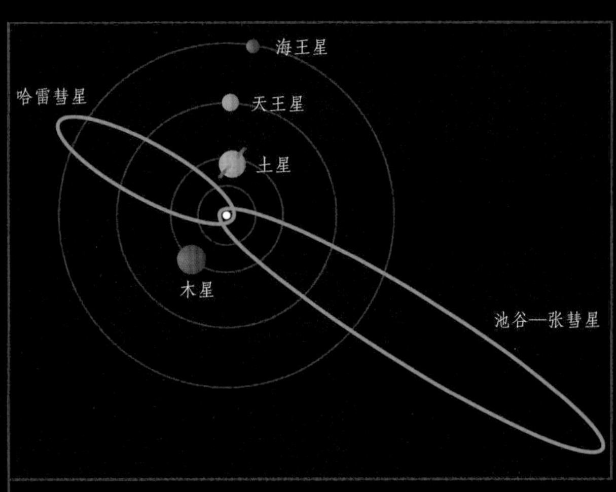

行星的轨道近似一个正圆，但彗星的轨道却要长得多，也窄得多。

数学实战！

67P彗星目前的质量约为10000000000吨（100亿吨）。假设它每绕太阳运行一周，就会损失1%的质量，那么经过一个绕太阳飞行周期后，它的最新质量是多少？

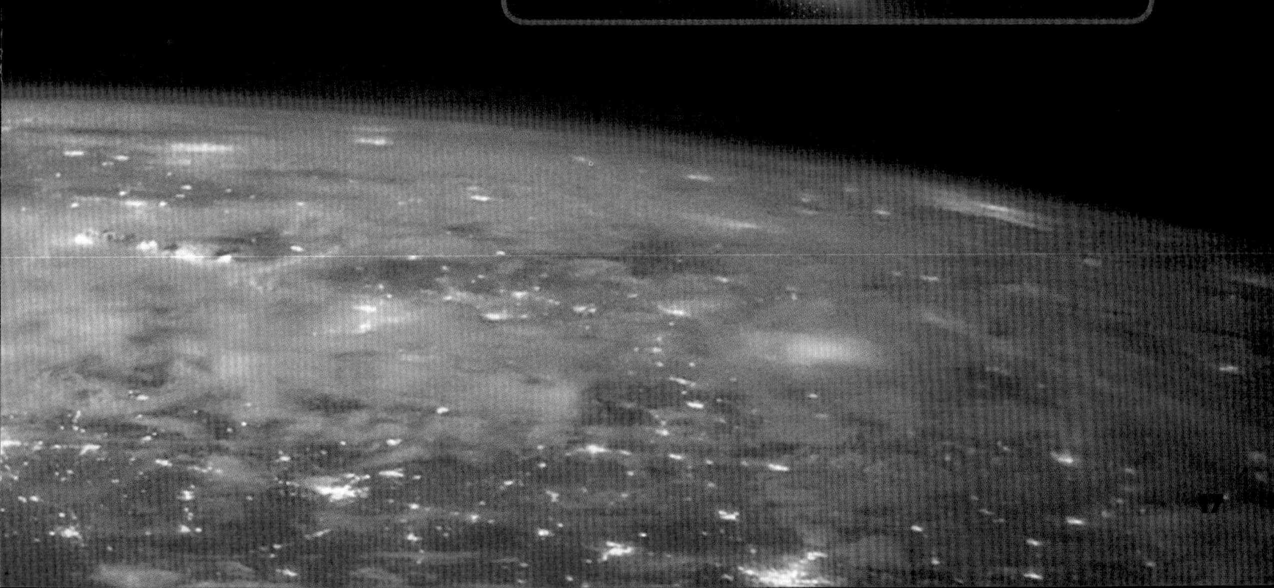

炫酷的水晶

钻石和铅笔有什么共同之处吗？答案可能会吓你一跳……

元素

宇宙万物都是由相同的基本元素构成的。大约有100种元素是天然形成的，其中包括我们熟知的铁、金、氧等。有些元素可以单独存在，也有些元素经常与其他元素共同出现。包括行星、塑料、植物乃至人类在内的大多数物体，都是由很多不同元素组合而成的。

元素的最小单位是原子。这些粒子极其微小，肉眼是看不见的。固体中的原子紧密地排列在一起，其排列一般呈固定的重复模式。但也有些元素（比如碳）的原子排列模式并非只有一种。

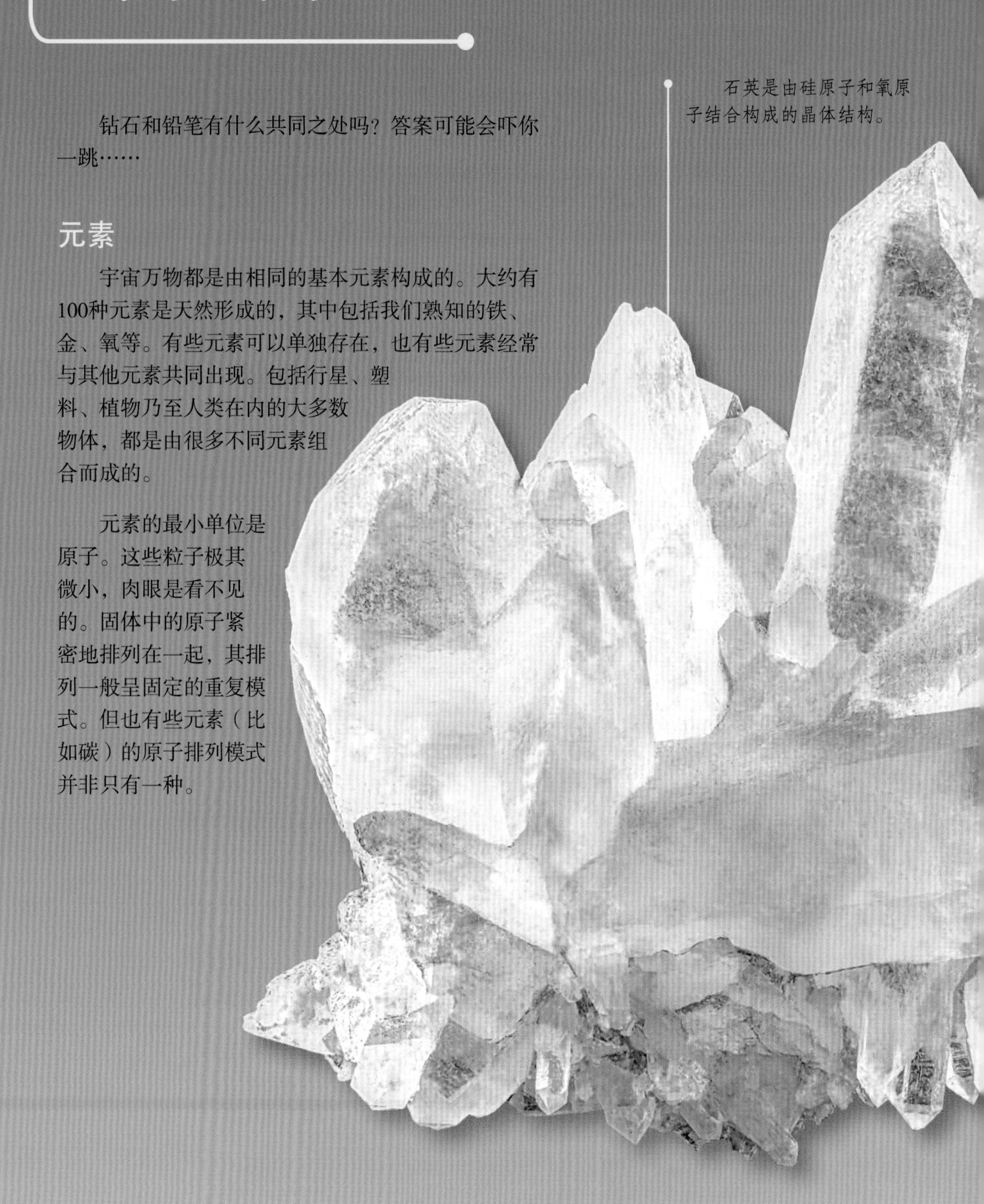

石英是由硅原子和氧原子结合构成的晶体结构。

石墨的层状结构使它变得十分光滑，硬度也不是很高。

不同的形态

铅笔中的“铅”实际上是石墨，石墨是碳元素的一种形态。石墨的碳原子呈六边形排列，每个碳原子都连接着另外3个碳原子，它们形成很容易剥离的层状结构。

钻石也是由纯粹的碳元素构成的，但其原子的排列方式和石墨不同，它形成了一种晶体结构，每个碳原子都连接着4个碳原子，因此它不具有石墨那样的层状结构。

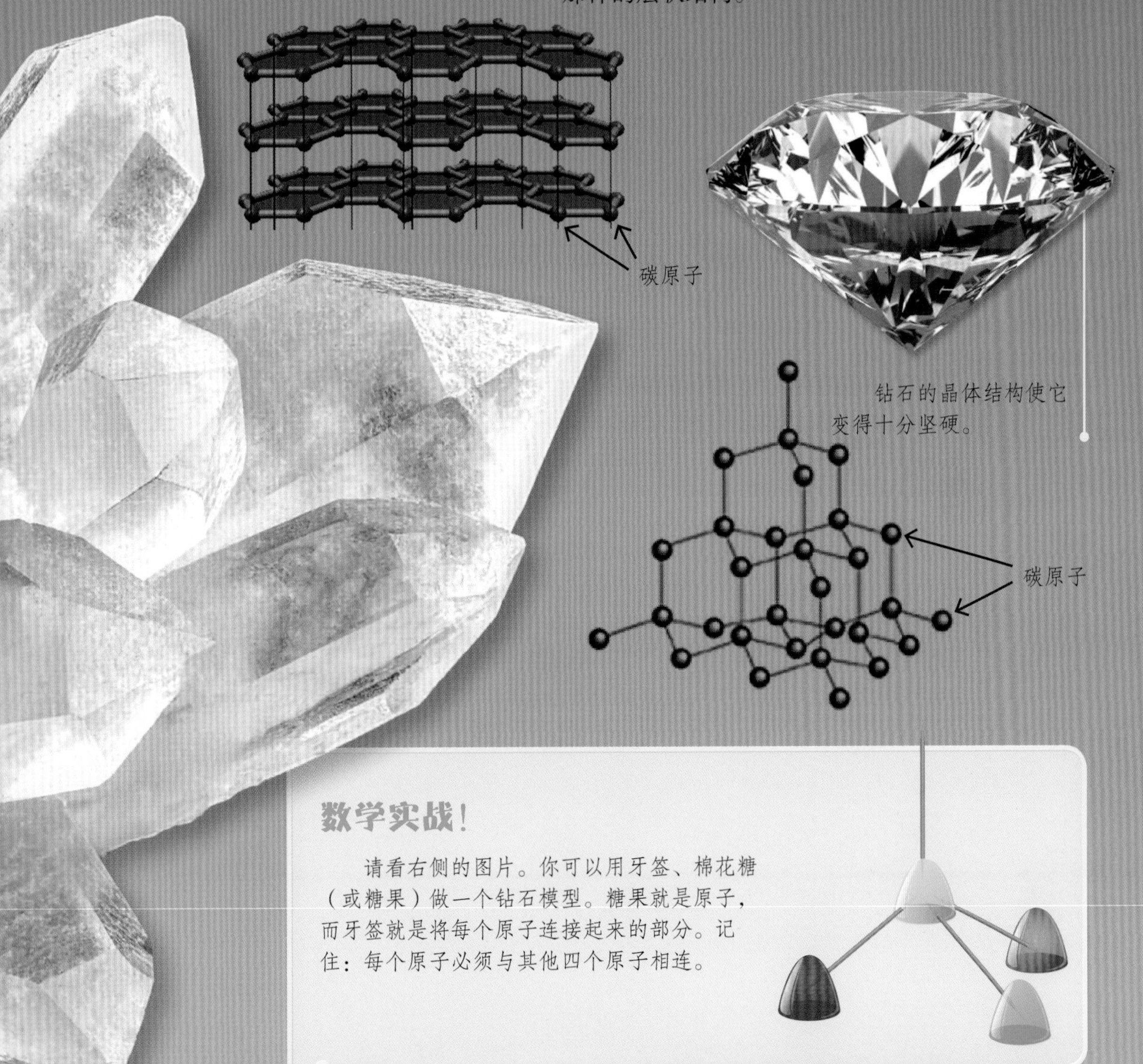

钻石的晶体结构使它变得十分坚硬。

数学实战！

请看右侧的图片。你可以用牙签、棉花糖（或糖果）做一个钻石模型。糖果就是原子，而牙签就是将每个原子连接起来的部分。记住：每个原子必须与其他四个原子相连。

宇宙中的螺旋

从球形的行星，到圆锥形的山峰，形状在自然界中无处不在。但有一个非常特殊的形状往往和巨大的星系联系在一起，这就是螺旋。

螺旋的种类

用数学的术语来说，螺旋是一条围绕中心点旋转的曲线。随着曲线的延伸，它与中心点的距离会变得越来越远。螺旋有不同的类型。有些螺旋与中心点的距离会增加得十分迅速，而有些螺旋与中心点的距离则增加得比较缓慢。许多星系的形状都是一种“对数螺旋”。

如果你追踪一条星系的螺旋臂，便能发现这个星系的螺旋状排列。

星系是怎样形成的?

星系会呈现出不同的形状，但螺旋是最常见的一种星系形状。天文学家们相信，在早期宇宙中，并不存在螺旋状的星系，当时星系的形状是很不规则的。经过数十亿年的漫长时间，很多星系的星团伸展出了螺旋状的“手臂”。第一个螺旋星系出现在宇宙大约36亿岁的时候。

有些生物的外形也呈螺旋状，与星系的形状十分相像，比如鹦鹉螺的壳。

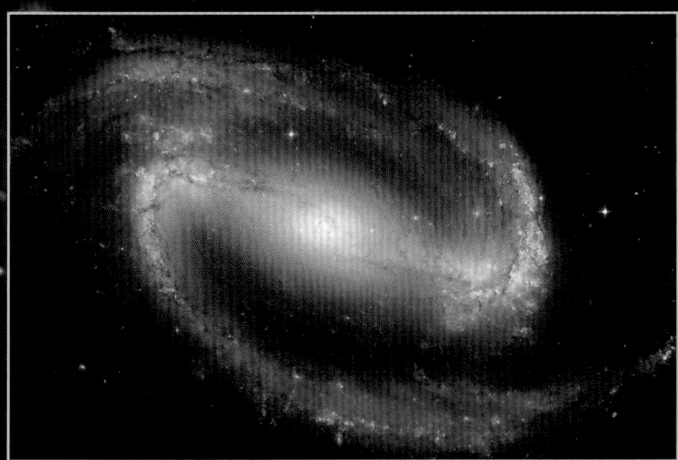

有些螺旋星系的中心有一群恒星汇聚在一处，形成一条短棒似的星团，因此被形象地称为“棒旋星系“。

数学实战!

天文学家认为，地球所在的银河系有4条主要螺旋臂。其中的两条旋臂上集中了大量恒星，另两条旋臂上的恒星则相对少一些。如果两条星星较多的旋臂各有650亿颗恒星，两条星星较少的旋臂各有350亿颗恒星，那么银河系里总共有多少颗恒星呢？（事实上，没有人确切地知道银河系中到底有多少颗恒星！）

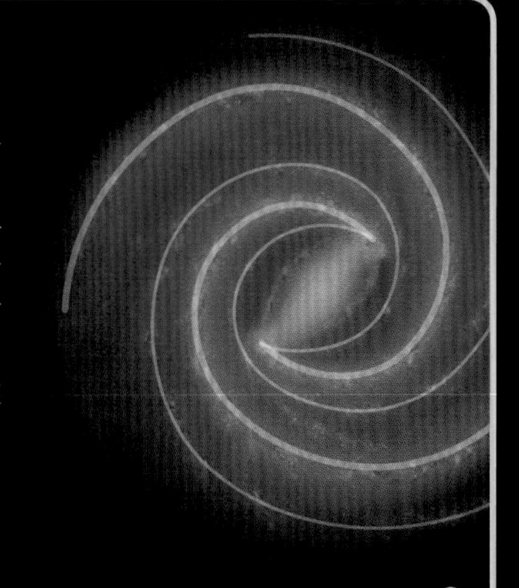

外星人存在吗？

人类长期以来一直在思考外星生命是否存在。但外星人存在的可能性有多大呢？这是一个概率问题。

概率是什么？

概率是描述某件事发生的可能性的一种数学方法。比如，天气预报可能会说，今天的降水概率是20%。或者假设你掷一个骰子，它的6个面里总有一个面会朝上，而掷出5点的概率就是六分之一。

宇宙中有数十亿个星系，每个星系里都有数十亿颗恒星。

宇宙是如此之大，即使有外星生命存在，我们也许永远也找不到它。

围绕太阳以外的恒星运行的行星称为系外行星。目前我们已经发现了数千颗系外行星，但宇宙中的系外行星显然远远多于这个数量。

德雷克公式

1960年，美国天文学家弗兰克·德雷克（1930— ）试图通过一个方程式，算出银河系中存在智慧生命的概率。这个公式里有几个重要参数，如：恒星的数量、恒星有行星的比例，以及行星拥有孕育生命条件的比例，等等。

问题是，这些参数都没有一个精确值，因为德雷克确实也不知道。比如，天文学家们目前尚不知道银河系中的恒星平均有几颗行星。虽然我们已经掌握了很多系外行星知识，但要想填补德雷克公式中的空白，仍需很长时间。

数学实战！

想象一个由200颗恒星组成的星系，其中50%的恒星都有行星。每颗恒星平均拥有4颗行星。请问这个星系中一共有多少颗行星？

数学实战：答案与小贴士

你是怎样解决这10个数学挑战的？以下是它们的正确答案和一些小贴士。

第5页：半径100千米的小行星的周长是628千米。首先算出它的直径：

100×2＝200（千米）

现在用直径乘以 π（约等于3.14），

200×3.14＝628（千米）

如果你不想用计算器计算，你可以先去掉200后面的两个0：

2×3.14＝6.28

然后再用它乘以100，也就是将之前的两个0补上，答案就是628千米了。

第7页：旋转图案时，它是否能与你的描图纸完全重全？如果不能，请重新设计一架宇宙飞船吧。这个小练习有助于你了解自然界中具有旋转对称性的物体。比如，海星、水母和很多花朵都具有旋转对称性。

第9页：当出现凸月月相时，所形成的角度是135°。上弦月时，角度是90°；满月时是180°（即一条直线）。凸月正好在这二者之间。90°与180°之间还差了90°，90°的一半是45°。所以盈凸月时的角度就是：

90°＋45°＝135°

第11页：太阳的直径大约是木卫三的264倍。这道除法题有一定的难度，所以你可以使用计算器来计算：

1400000÷5300＝264（四舍五入后的结果）。

因此太阳的直径是木卫三的264倍。但太阳离木星的距离，是木星与木卫三之间的距离的728倍。所以在木星上看，木卫三显得比太阳大得多。它可以完全挡住太阳，形成日食。但由于木卫三看起来比太阳大得多，所以木星上的日食看起来并没有地球上那么壮观。

	水星	金星	地球	火星	小行星带	木星	土星	天王星	海王星
将左侧的数字乘以2	0	3	6	12	24	48	96	192	384
将上面的数字加4	4	7	10	16	28	52	100	196	388
将上面的数除以10	0.4	0.7	1.0	1.6	2.8	5.2	10.0	19.6	38.8

第13页：黄色格子中的数字是38.8。完整的表格如前一页所示表。

第15页：黄金的熔点与沸点相差1906℃，这是一个简单的减法题：

2970℃-1064℃=1906℃。

第17页：彗星的新质量是9900000000吨。首先要算出彗星的质量损失了多少。质量损失了1%，先用总质量除以100，也就是去掉总质量后面的两个0，如果此便可得出损失的质量。

现在，我们用总质量10000000000减去损失的质量100000000，便可知答案为9900000000吨。

$$\begin{array}{r} 10000000000 \\ -\ 100000000 \\ \hline 9900000000 \end{array}$$

第19页：你的钻石模型看起来与图片上的像吗？如果你不知道怎么做，可以先做几个四边形，也就是在一块糖果上扎上4根牙签。将这个模型放在桌子上，下面的三根牙签应该是水平的，呈一个三角形，就像三条腿一样，第四根牙签则应该是垂直于桌面的。

有了这几个四边形，就可以开始把它们连在一起了。你可以将第一个四边形的三条“腿”与另一个四边形的顶相连。重复这一过程，就得到了一个钻石分子的模型。

第21页：答案是银河系里有2000亿颗恒星（当然，这是根据题目的条件得出的假设答案）。你只需要将650+650+350+350，便可得出总数。当然，为了计算方便，也可以把后面的“十亿”去掉，这样就只需要计算出65+65+35+35了。还有一种更简便方式，则是先计算60+60+30+30=180，然后再计算5+5+5+5=20；最后计算180+20=200。不管用哪种简便算法，最后别忘了加上单位“十亿”，就得到了最后答案：2000亿颗恒星。

第23页：这个星系中有400颗行星。首先你要算出有多少颗恒星有行星。星系中有200颗恒星，其中50%有行星，即一半的恒星有行星。200颗的一半是100颗。

对于有行星的恒星，它们平均拥有4颗行星。所以答案是100×4=400颗。

术语表

角：在平面几何中，是指从一个点引出两条射线所形成的图形。其测量单位是度，写作“°”。

顶点：角的两条边的交点，也可指锥体的尖顶。

量角器：量角或画角用的器具，一般是半圆形透明薄片，用于测量角的大小。

原子：构成化学元素的最小粒子，也是物质化学反应中不可再分的基本微粒。

元素：化学上指具有相同核电荷数的同一类原子的总称，如氧元素、铁元素。

沸点：液体沸腾时的温度。

熔点：指固体开始由固态熔化为液态时的温度。

小行星：太阳系中，绕太阳运行而体积小、从地球上肉眼不能看到的行星。

天文单位：天文学中计量天体之间距离的一种单位，其数值为地球和太阳之间的平均距离。

彗星：绕着太阳旋转的一种星体，通常在背着太阳的一面拖着一条扫帚状的长尾。

直径：通过圆心并且两端都在圆周上的线段叫作圆的直径；通过球心并且两端都在球面上的线段叫作球的直径。

半径：连接圆心和圆周上任意一点的线段叫作圆的半径；连接球心和球面上任意一点的线段叫作球的半径。

星系：由无数恒星和星际物质组成的天体系统，如银河系。

凸月：满月前后的月相，月球圆面上绝大部分是明亮的，故称凸月。

宜居带：一颗恒星周围的一定距离范围，在这一范围内水能以液态形式存在。

万有引力：存在于任何物体之间的相互吸引的力。简称引力。

质量：一个物体或特定空间中物质的总量。

行星：沿不同的椭圆形轨道绕太阳运行的天体，本身不发光，只能反射太阳光。

卫星：按一定轨道绕行星运动的天体，本身不能发光。

轨道：天文学中，指天体在宇宙间运行的路线。

轴线：在几何学中，指的是可以把平面或立体分成对称部分的直线，可用来描述一个物体或三维图形能绕其旋转的假想直线。

规律：事物之间内在的必然联系，决定着事物发展的必然趋向。

概率：表示某一事件在一定条件下发生的可能性大小的量。

固体：有一定体积和一定形状，质地比较坚硬的物体。

神奇的数学事实

在火星和木星的轨道之间，有一个由无数小行星构成的巨大的环状带，即小行星带。有些小行星只有一辆汽车那么大，但也有一些小行星大到足以使它们在重力的作用下变成球形。小行星带中的谷神星的直径达952千米，约为月球直径的27%。

并不是所有的星系都具有旋转对称性。螺旋星系在宇宙中很常见，但宇宙中也有一些不规则的星系，比如小麦哲伦星云。其形状既不对称，也没有任何规律。

在日食期间，地球上只有一小部分地区会看到太阳完全被月球覆盖，即所谓的“日全食”。其附近地区只能看见太阳被月球部分覆盖，也就是“日偏食”。

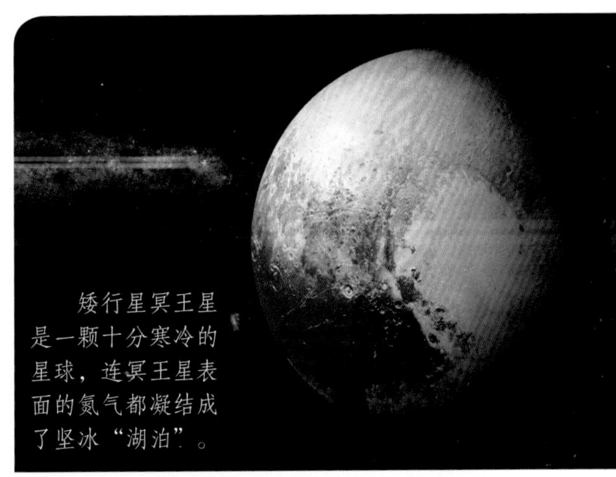

矮行星冥王星是一颗十分寒冷的星球，连冥王星表面的氮气都凝结成了坚冰“湖泊”。

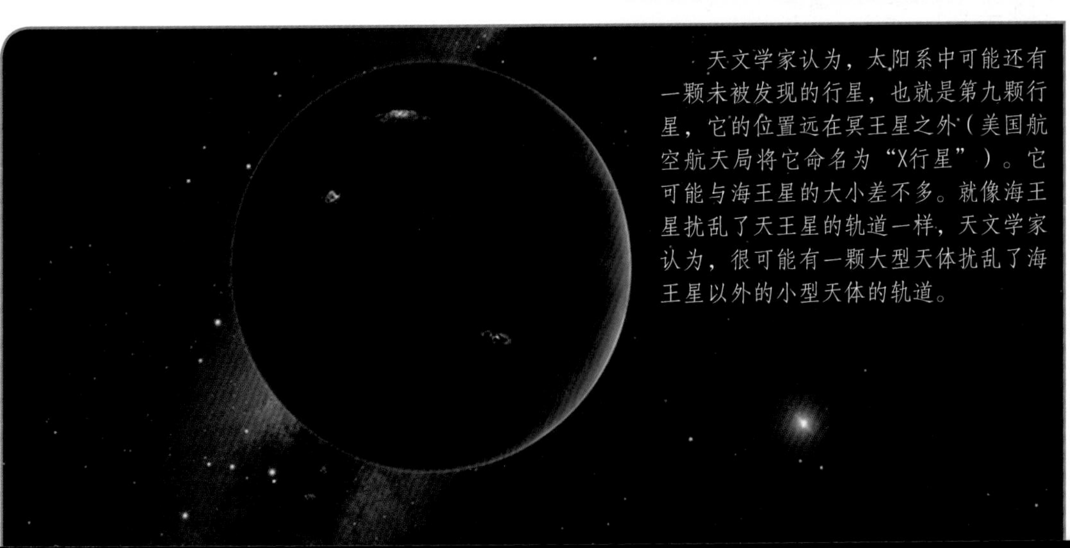

天文学家认为，太阳系中可能还有一颗未被发现的行星，也就是第九颗行星，它的位置远在冥王星之外（美国航空航天局将它命名为“X行星”）。它可能与海王星的大小差不多。就像海王星扰乱了天王星的轨道一样，天文学家认为，很可能有一颗大型天体扰乱了海王星以外的小型天体的轨道。

图书在版编目（C I P）数据

宇宙中的数学/(英)南茜・迪克曼著;韩佳颐译.—
郑州:河南美术出版社,2019.4
（奇妙的数学世界）
ISBN 978-7-5401-4706-8

Ⅰ.①宇… Ⅱ.①南…②韩… Ⅲ.①数学—少儿读
物Ⅳ.①O1-49

中国版本图书馆CIP数据核字(2019)第070207号

Thanks to the creative team:
Senior Editor:Alice Peebles; Illustration: Dan Newman; Fact checking:Tom Jackson
Picture Research:Nic Dean; Design:Perfect Bound Ltd

豫著许可备字 -2019-A-0059

奇妙的数学世界：宇宙中的数学

作　　者：（英）南茜・迪克曼
译　　者：韩佳颐
选题策划：许华伟　张　萍
责任编辑：张　浩
责任校对：谭玉先
特约编辑：张　萍
装帧设计：张　萍
监　　制：王兆阳
营　　销：童立方 / 朗读者
出版发行：河南美术出版社
地　　址：郑州市金水东路 39 号
营销电话：010-57126122
邮政编码：450000
印　　刷：河南瑞之光印刷股份有限公司
版　　次：2019 年 4 月第 1 版
印　　次：2019 年 6 月第 1 次印刷
开　　本：889mm × 1194mm　1/16
印　　张：8
书　　号：ISBN 978-7-5401-4706-8
定　　价：99.80 元（全 4 册）

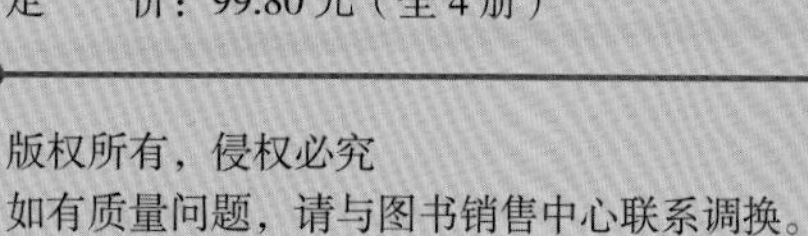

MATHS IN NATURE

∈奇妙的数学世界

自然中的数学

（英）南茜·迪克曼/著 韩佳颐/译

河南美术出版社

·郑州·

目 录

数学是构成万物的基础。
——毕达哥拉斯，古希腊数学家

数学无处不在

我们在学校都学过数学，但它远远不只是一门课程而已，在我们周围的世界里，到处都能看到数学的影子。

自然界中的数学规律

你知道吗？蜂巢是有一定的形状的，向日葵花盘中葵花子的排列是呈一定的数学规律的，台风的形状很像鹦鹉螺的壳。在自然界的持续演化中，动物和植物也在不断寻找新的生存策略。但无论怎样变化，它们仍然遵循很多基本的数学规则。

飓风的形状看似是随机的，其实它通常遵循一种数学规律。

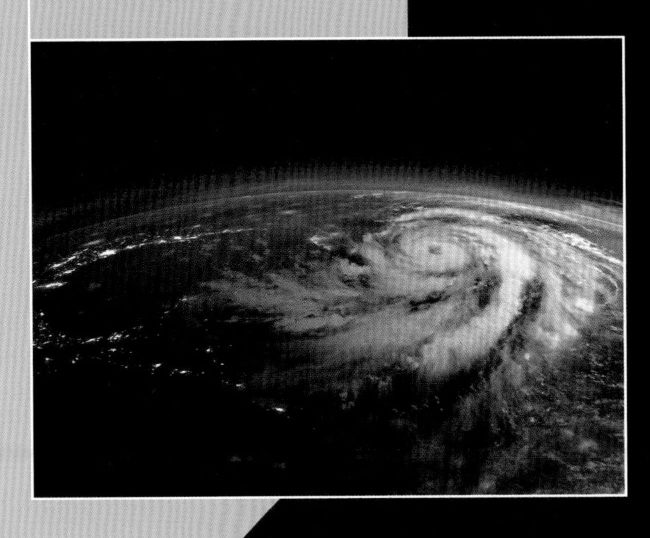

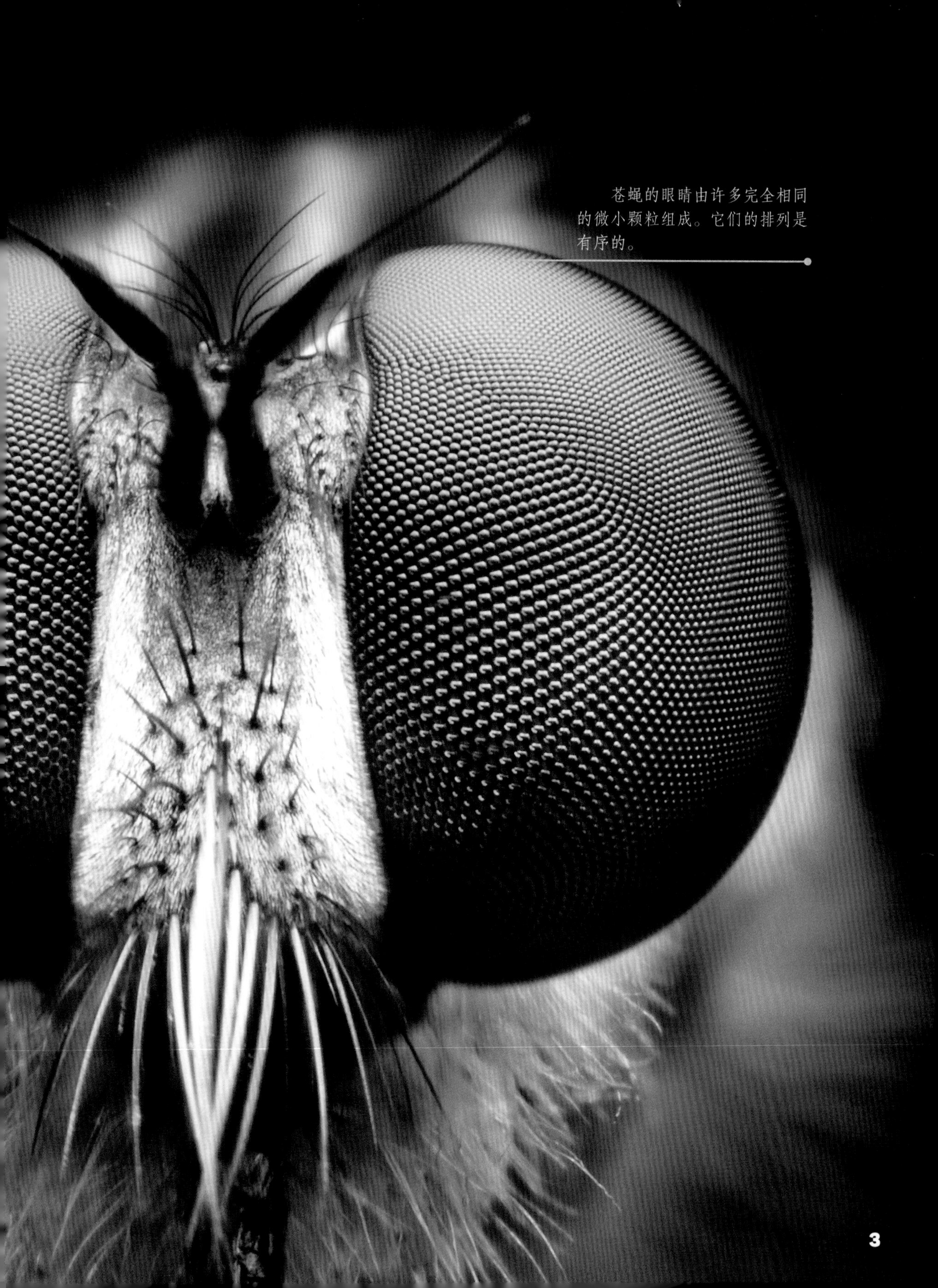

苍蝇的眼睛由许多完全相同的微小颗粒组成。它们的排列是有序的。

镜像

不同的动物，大小和外形各不相同，但很多动物都有一个共同点：它们的身体是对称的。

超对称

如果我们说一个物体是对称的，意思就是，它某些部分的形状和其余部分一模一样。最简单的对称是“反射对称”，又称“两侧对称”。在一个反射对称的物体中间画一条直线，直线左右两边互为彼此的镜像。比如一只狗，你可以在它身上画一条从鼻尖到尾巴末端的直线，这条线左右两边的身体就互为镜像。

鹿角虫的身体也是两侧对称的。它的身体左右两边各有三条腿、一根触角、一只螯和一只翅膀。

斑马的头也是两侧对称的，左右两边各有一只耳朵、一只眼睛和一个鼻孔。

自然界的对称

至于为什么这么多动物都呈两侧对称，恐怕没有人能真正说明白。或许是因为两侧身体长得一样，会有助于动物向前移动的缘故。想象一下，如果汽车两侧的轮子不一样大，就很难走直线了。

外表对称的动物，内部却不一定是对称的。你身体里的器官有些是对称的，比如肾脏；但胃和肠道完全没有对称性。

人类外表看起来是两侧对称的，但是身体内部却是另一回事了。

数学实战！

用对称法画一张画。请将下方的企鹅描在一张纸上，然后画出它的另外半边身子——应该是之前那半边的镜像。纸上有网格的话，会更容易找到对称感。

旋转对称

对称有不同的类型。除了两侧对称之外，还有很多动植物呈旋转对称，比如海胆和橙子。

旋转对称

旋转对称也叫辐射对称。如果你将一个旋转对称的物体旋转到某个角度，它看起来就和旋转前完全一样。两侧对称的物体只有一条对称轴，而旋转对称的物体可以有三条、四条甚至五条以上对称轴。有几条对称轴，就表示这个物体可以在一个圆内旋转几次，且看起来还是一模一样。

从海星每条腕的尖端到正中心，你可以画出五条对称轴来证明它的旋转对称性。

圆网蛛的身体是两侧对称的，但它编织的蛛网却是旋转对称的。

植物和动物

植物可能在不同部位呈旋转对称。比如苹果等水果就具有旋转对称性——你可以把一个苹果切成完全相同的小片。有些植物的茎干也会呈旋转对称。花朵也是如此，无论是只有四五片花瓣的花，还是像玫瑰那样结构复杂、花瓣层层叠叠的花，都是呈旋转对称的。

如果一只动物呈旋转对称，那么它的身体就没有左边和右边之分，只有上下之分。许多具有旋转对称性的动物，比如海星和水母，它们的嘴巴都长在下面，而这也是所有对称轴交会的中心点。

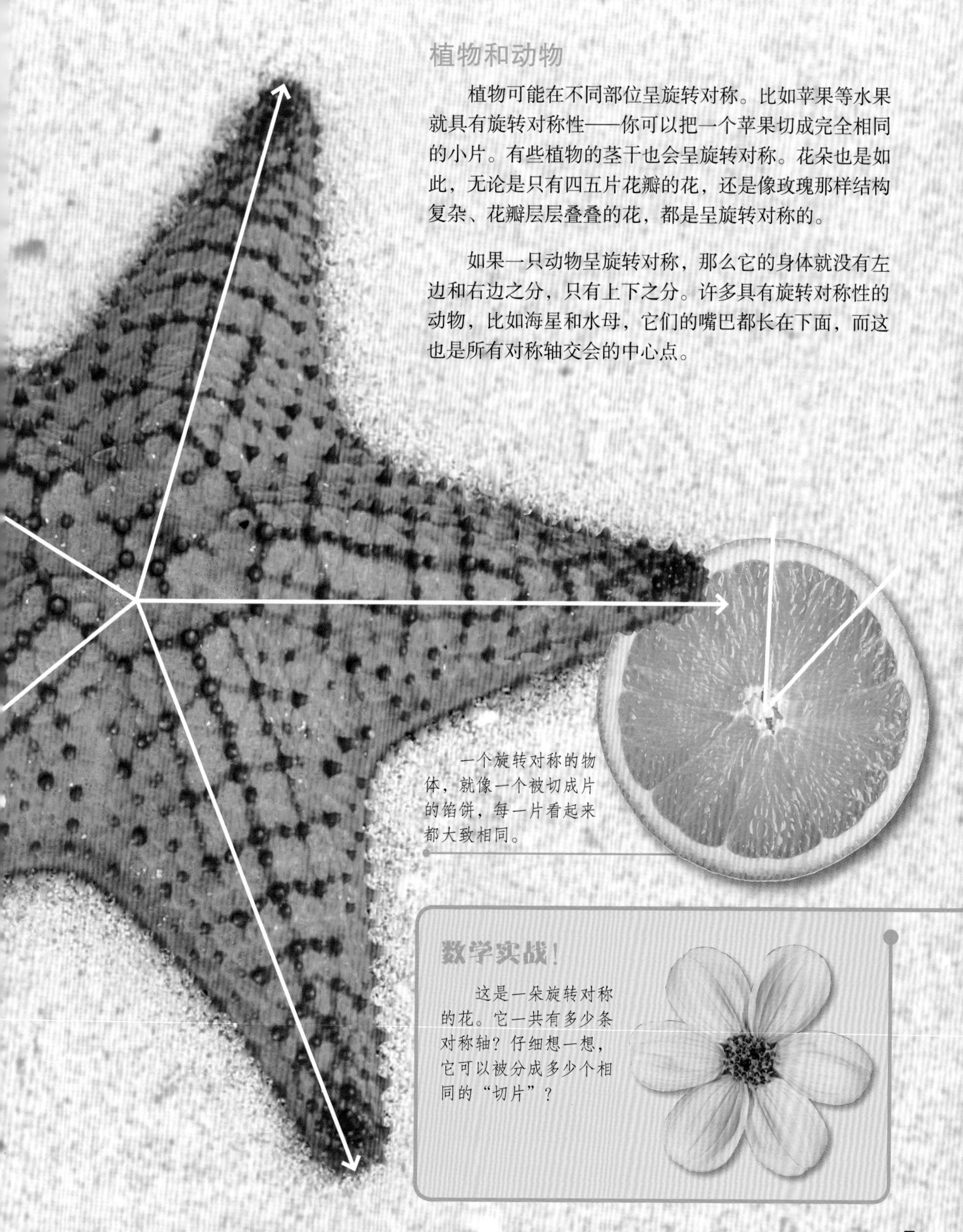

一个旋转对称的物体，就像一个被切成片的馅饼，每一片看起来都大致相同。

数学实战！

这是一朵旋转对称的花。它一共有多少条对称轴？仔细想一想，它可以被分成多少个相同的“切片”？

叠加

有些数字会以某种奇妙的规律排列，比如下面这个数列在自然界中经常出现。

意大利人的智慧

1202年，有个叫斐波纳齐（约1170—1240）的意大利数学家首次写下了这个数列，这个数列中从第三个数字起，每一个数字都是前两个数字相加之和。如：0+1=1，1+1=2，1+2=3…该数列最开始的几个数字是0，1，1，2，3，5，8，13，往后也依然遵循这个规律。

0+1=1
1+1=2
1+2=3
2+3=5
3+5=8
5+8=13
…

松果的各个部分也是螺旋状排列的，螺旋的数量通常是一个斐波纳齐数。

自然界中的数字

斐波纳齐数列中的数字经常出现在自然界中。许多花朵的花瓣数量就是一个斐波纳齐数。有些花的种子数量中有斐波纳齐数。向日葵的葵花子从中心向外呈螺旋状排列，螺旋的数量基本都是一个斐波纳齐数。

葵花子按螺旋状排列，使得这些种子可以均匀地挤满整个花盘。不管是从花盘中心起顺时针旋转的螺旋，还是逆时针旋转的螺旋，数得的种子数，总是一个斐波纳齐数。通常这两个数也是斐波纳齐数列中的两个相邻数字。

一棵向日葵有上千颗呈螺旋状排列的种子，这种螺旋状排列从花盘中心一直延伸到边缘。

数学实战！

这些是斐波纳齐数列中的一些数字，你能算出接下来的4个数字分别是什么吗？

13，21，34，__，__，__，__。

记住，每个数字都是前两个数字之和。

黄金比例

比例是指两个数字之间的关系。有一个比例非常特别，叫作“黄金比例”。

找出比例

假设数字A和数字B构成黄金比例，且A大于B。那么，A除以B得出的数字，将等于A与B相加后再除以A得出的数字——都约等于1.618，这个比例就是黄金比例，通常用古希腊字母ϕ来表示。

如果你从斐波纳齐数列中取任意两个相邻的数，你会发现它们的比例非常接近黄金比例。而且你在斐波纳齐数列上选取的这两个数字越靠后（即数字越大），它们的比例就越接近ϕ。

举个例子，从第10页的数列中可以看出，8和13是斐波纳齐数列中的两个相邻数。你拿出计算器算算，就会得出以下结果：

$13 \div 8 = 1.625$

$(13 + 8) \div 13 \approx 1.615$

这两个算式的答案都非常接近黄金比例。

随着鹦鹉螺的身体越来越大，它的壳也需要开辟新的“房间”。慢慢地，它的外壳形状也越来越接近“黄金螺旋”。

黄金螺旋

长方形有两条相等的长边和两条相等的短边。一个黄金矩形的长短两边呈黄金比例。如果以它的长边为一边，再画一个正方形，则得到一个更大的黄金矩形。将这些黄金矩形按从小到大的顺序连接在一起，就构成了一个黄金螺旋。自然界中有许多黄金螺旋的例子，比如鹦鹉螺的壳。

图中的橙色长方形就是一个黄金矩形。加上那个紫色正方形，就构成了一个更大的黄金矩形。

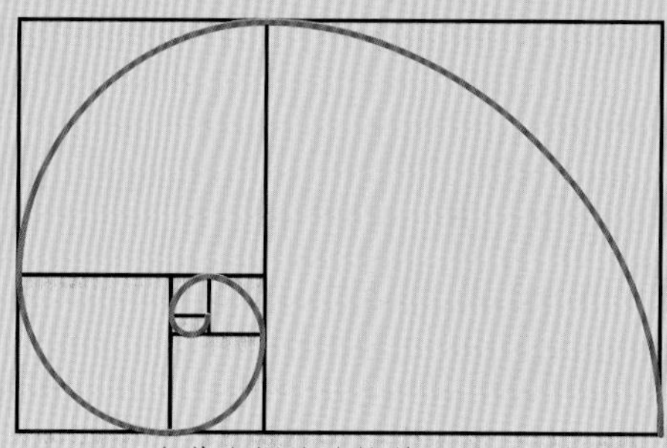

一个黄金螺旋连接着一系列不断增大的黄金矩形。

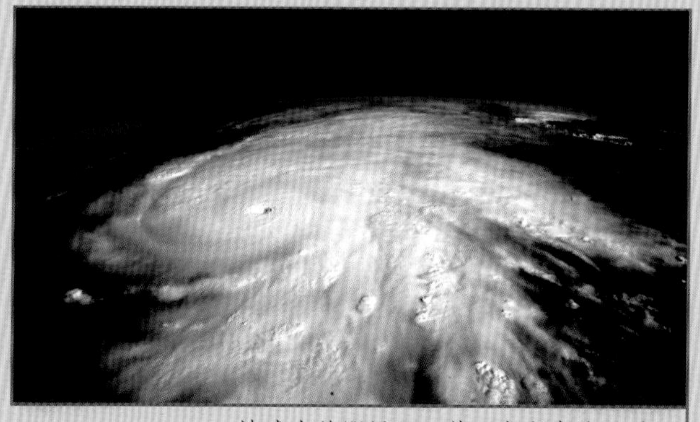

地球上的飓风云，甚至宇宙中的星系，都可以呈现类似黄金螺旋的形状。

数学实战！

量一量地面到你肚脐的距离，再量一量从肚脐到你头顶的距离。用计算器算算这两段距离的比例：用第一个数字除以第二个数字，结果有多接近1.618？

几何家园

蜂窝看似杂乱无章，但它的内部却是相当整齐有序的。仔细观察就会发现，蜂窝是由很多个六边形结构排列组成的。

超级形状

平面图形又叫二维图形（2D），它有两个维度——宽度和高度，但是没有厚度。六条直边两两相交组成的二维图形叫作六边形。蜂窝结构就是由六边形组成的。蜂窝形成一种镶嵌图案。在镶嵌结构中，相同的几何图形紧密排列在一起，中间没有任何缝隙。

蜂巢内部

蜂巢中的每一个六边形结构都是一个“蜂房”。蜜蜂用它们来储存花蜜和花粉等食物，蜜蜂的幼虫也是在这里成长发育的。那么，这些蜂房为什么是六边形的呢？

一个蜂群可以生产几十公斤蜂蜜，所以蜂巢必须足够坚固，才能承受这样大的重量。筑蜂巢的蜂蜡是从蜜蜂身体里分泌出来的。在生产这些蜂蜡的过程中，蜜蜂需要吃掉大量的蜂蜜。蜜蜂是不会浪费蜂蜜的，因为它是重要的食物来源。而六边形恰好可以用最少的蜂蜡承载最多的食物。

自然界中有很多种镶嵌结构，这在动物和植物身上都不难见到。比如蛇的鳞片虽然大小形状不一，但排列得十分完美，彼此之间毫无缝隙。

数学实战！

你能自己设计一个镶嵌结构吗？请选择一个简单的形状（如三角形、正方形或菱形），把它画在卡片上，然后把这个形状剪下来。接着把形状描在一张纸上，再沿着它的一条边，描出下一个相同的形状，这样就能创造出自己的镶嵌结构了。你可能会用到不止一种形状，不过没关系，只要它遵循某种固定的排列模式即可。

岩石的排列模式

镶嵌结构不仅出现在动植物身上，岩石有时也会以类似的形状排列。

巨人石道

北爱尔兰海边有一处“巨人堤道”，它由约4万根石柱组成，多数石柱是六边形的，有的高达12米。它们紧密有序地排列在一起，很像蜂巢中的一个个蜂房。

这些石柱都是玄武岩，玄武岩是岩浆冷却变硬后形成的岩石。随着岩浆的冷却，岩石的体积会收缩（即变小），这时石面上就会产生裂缝，形成这些石柱的形状。只要一根石柱形成了六边形，它旁边的很多根石柱也都会变成六边形。

巨人堤道的“台阶”最宽可达50厘米。当地有一个古老的传说——这条堤道是巨人建造的。

图中这幅惊人的美景来自澳大利亚的塔斯马尼亚岛，它就是一个典型的棋盘石道。

棋盘石道

“棋盘石道”是岩石断裂后形成的。这些岩石排列得十分整齐，像人们用石头精心铺成的道路。但棋盘石道并非由岩浆冷却形成，而是由沉积岩构成的。淤泥沉积在平坦的区域，历经数百万年的风吹雨淋，变得更加紧致，最后变成了石头。

这些岩石向不同的方向断裂，形成了正方形、长方形等形状。在水和风的侵蚀下，这些形状变得更加明显，最终形成了我们所看见的棋盘石道。

数学实战！

假设有一个类似巨人堤道的岩层，它有40000根石柱，其中70%的石柱呈六边形，那么一共有多少根六边形的石柱？你可以使用计算器计算一下。

下雪吧！

每片雪花的形状都是独一无二的，但它们有一个共同点——它们都有六条边。这要归功于数学和化学的魔力！

雪花是如何形成的?

最常见的雪花有六根枝杈，有时雪花也呈简单的扁六边形。雪花是大气中水蒸气遇冷凝结成的冰晶。一个晶体上附着的冰晶越来越多，形成的雪花就越来越大。在雪花逐渐变大的过程中，它依然会遵循第一个冰晶的六边形形状。

不管它的枝杈长成什么样子，一片雪花上总是有六根枝杈，不多也不少。

苍蝇的大眼睛是由许多小眼组成的，称作复眼。每个小眼都是六边形，它们的排列也有固定的模式。

水分子

角度的重要性

角度是对旋转幅度的一种衡量方式，通常用符号“°”来表示。一个完整的圆是360°。雪花由大气中的水蒸气凝结而成。每个水分子由一个氧原子和两个氢原子组成，所有的水分子都长得一模一样，因为所有的氢原子都是以同样的方式附着在氧原子上的，氢原子与氧原子之间的夹角是104.5°。

当水分子聚集在一起时，它们就会以一种特定的方式排列。氢原子的正电荷被另一个分子中氧原子的负电荷吸引，它们最终形成由6个分子组成的环，就成了六边形。

水分子环

数学实战！

一个六边形有六条边和六个角，六个角的角度完全相同，它们的角度之和是720°，那么每个角是多少度？

大自然的鬼斧神工：分形

数学规律在自然界中无处不在，但最令人惊叹的要属分形了。所谓分形，是指形状按不同的比例重复，由此构成复杂的图案。

分支

分形就是先有一个简单的形状，然后同样的形状反复出现。比如一棵树，它最初只是一个嫩芽，随后会分裂出两根或两根以上的树杈，每根树杈还会继续分杈，以此类推，直到长成大树。在每棵成年的树木身上，粗壮的树干和树梢上的嫩枝形成了相同的分支模式。地球上的河流系统、人的脑细胞和呼吸道，也都遵循分支模式。

罗马花椰菜表面的螺旋状小花球，与我们前文提到的斐波纳齐数列密切相关。

大与小

分形中的每一个微小局部，都与整体形状相同。罗马花椰菜（俗称青宝塔）就是很好的例子，罗马花椰菜上每个宝塔状花球，都是由更小但形状完全相同的宝塔状小花球组成的。这些小花球则是由更多更小的花球组成……以此类推，相同的形状不断重复出现，每次都会变得更小。

玻璃上的霜花通常也会自然而然地呈现分形图案。

蕨类植物的叶子上，会长更小的“叶子”，这些大小叶子的形状大致相同。

数学实战！

你自己也能画出一个分形图案来。如图所示，首先画一个比较大的等边三条形，在每一条边的中点上各点一个点，把这三个点连接起来，就在原来的三角形内部形成了一个新的等边三角形。给新三角形涂上颜色，这样，它的周围就被三个白色的等边三角形包围了。你可以在这三个白色三角形中重复上述步骤，这样就会得到更小的等边三角形。你可以一直这样画下去，直到分形图案小得无法再画。

对抗寒冷

有些动物生存在十分炎热的地方，而有些动物在特别寒冷的地区也能生存繁衍。其中的奥秘，就在它们的体形上。

体积与表面积

任何三维（3D）形状都有体积和表面积。体积指物体或物质所占空间的大小，表面积则指立体图形外部各面的所有面积之和。对于恒温动物而言，这两者的比例至关重要。

减少热量损耗，有助于海象在冰天雪地中保持温暖。

猎豹的身体又瘦又长，与体积相比，猎豹身体的表面积是很大的。

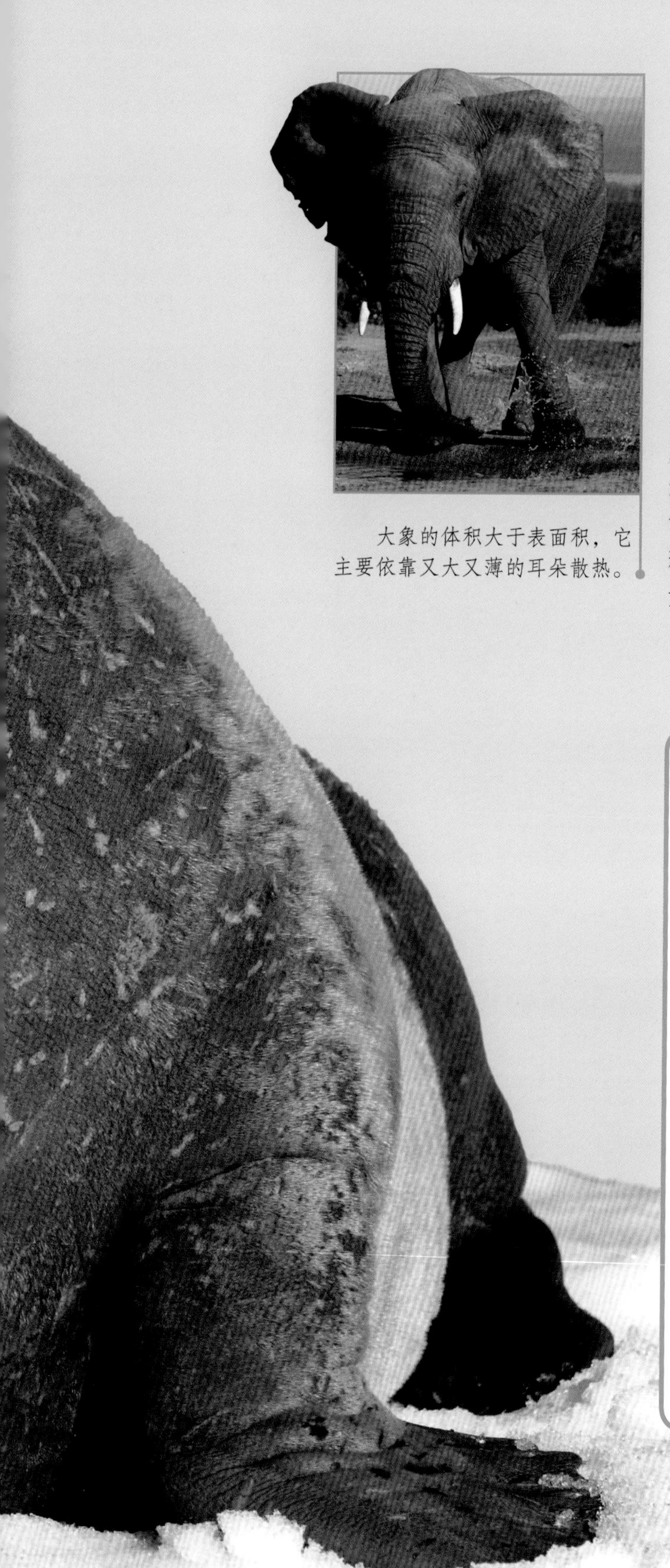

大象的体积大于表面积，它主要依靠又大又薄的耳朵散热。

热与冷

恒温动物通过皮肤来散热。在炎热的气候中，这可以防止它们的体温升得过高。而在寒冷的环境里，散热却是一件糟糕的事。热量流失得越多，它们就吃得越多，这样才能保持身体温暖。

像老鼠之类的小型动物，身体表面积都比体积大得多。但是如果一只动物越长越大、越长越胖，其体积的增长速度就会快于表面积的增长速度。像海象这样的大型动物，其表面积相对体积来说要小一些。所以，老鼠的身体热量损耗很快，它不得不吃很多食物来补充热量，而海象的热量损耗则慢一些。

数学实战！

假设一个正方体的边长为1厘米，将每个侧面的面积相加，可以得到它的表面积。用公式：体积＝长×宽×高，可以算出它的体积。现在我们再假设有一个边长为2厘米的正方体，请算出它的表面积和体积。第一个正方体表面积与体积的比例是多少？第二个正方体表面积与体积的比例又是多少？

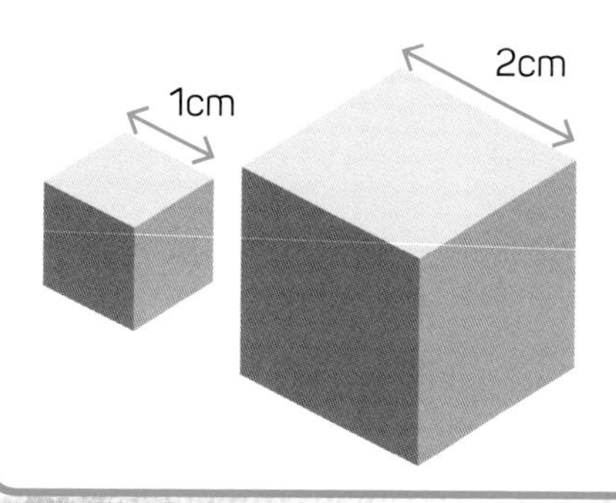

生几个宝宝？

对大多数动物而言，生孩子也是一个数学问题。它们是该多生还是少生呢？不同动物的生育策略也是不一样的。

多生还是少生？

有些鱼和昆虫一个季节就能生出几百万颗卵，而大象要花将近两年的时间才能生下一头小象。为什么有些动物一次能生这么多宝宝，有些动物却生得这么少呢？

翻车鱼一个季节可以产下3亿颗鱼卵。

角马幼崽一生下来就得逃避捕食者的追击，所以它出生后不到一小时就会走路了。

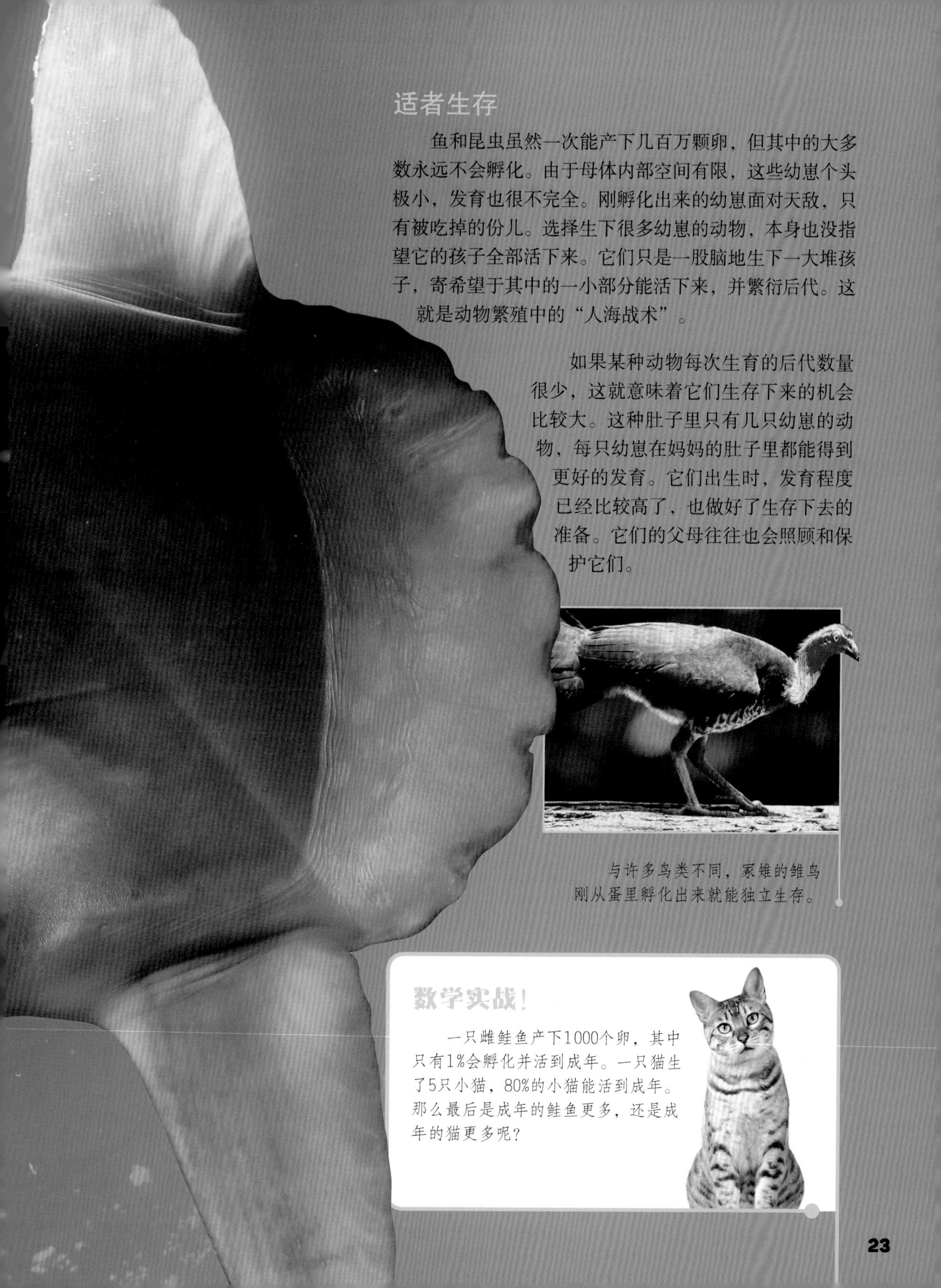

适者生存

鱼和昆虫虽然一次能产下几百万颗卵，但其中的大多数永远不会孵化。由于母体内部空间有限，这些幼崽个头极小，发育也很不完全。刚孵化出来的幼崽面对天敌，只有被吃掉的份儿。选择生下很多幼崽的动物，本身也没指望它的孩子全部活下来。它们只是一股脑地生下一大堆孩子，寄希望于其中的一小部分能活下来，并繁衍后代。这就是动物繁殖中的“人海战术”。

如果某种动物每次生育的后代数量很少，这就意味着它们生存下来的机会比较大。这种肚子里只有几只幼崽的动物，每只幼崽在妈妈的肚子里都能得到更好的发育。它们出生时，发育程度已经比较高了，也做好了生存下去的准备。它们的父母往往也会照顾和保护它们。

与许多鸟类不同，冢雉的雏鸟刚从蛋里孵化出来就能独立生存。

数学实战！

一只雌鲑鱼产下1000个卵，其中只有1%会孵化并活到成年。一只猫生了5只小猫，80%的小猫能活到成年。那么最后是成年的鲑鱼更多，还是成年的猫更多呢？

数学实战：答案与小贴士

你是如何完成本书中的10个数学挑战的？这里有正确答案和一些小贴士。

第5页：你的画是对称的吗？将你的画与下方的图案对比一下。在画画的过程中，你可以使用网格线进行辅助，将纸分割成一个个小方块，这样有助于精准地定位对称点的位置。

第7页：这朵花共有6条对称轴。你可以从花的正中心向6朵花瓣的顶端各画一条直线，会得到6个相等的切片。它可以在一个圆周内旋转6次，且旋转后的图看起来一模一样。

第9页：接下来应该填入的数字依次是55，89，144，233。计算方法如下：

$21 + 34 = 55$

$34 + 55 = 89$

$55 + 89 = 144$

$89 + 144 = 233$

第11页：这道题没有标准答案，因为它完全取决于你的身高。对一个普通的9岁孩子来说，从地面到肚脐的距离大约是87cm，从肚脐到头顶的距离大约是55cm。第一个数字除以第二个数字的结果约为1.582，这与1.618的黄金比例相当接近。那么，你自己的比例有多接近黄金比例呢？

第13页：想知道你的画是不是真正的镶嵌结构，首先要看你对以下问题能不能都给出肯定的回答：你的画是否用二维形状布满了整个画面，而且中间没有任何重叠或缝隙？你是否反复使用了相同的形状？每个顶点（就是几个图形相交的点）的排列模式是相同的吗？

第15页：共有28000个六边形石柱。

要计算这个答案，就要算出40000的70%是多少，70%等于70/100或者7/10，也就是0.7。$40000 \times 0.7 = 28000$。

第17页：一个六边形有6个角，6个角的角度之和是720°，每个角的角度相同。所以这是一道除法题：720° ÷ 6＝120°。

第19页：你画出的三角形看起来应该是下图这样的。如果你的纸够大，你可以在里面画出更多的小三角形。

第21页：算出这两个正方体表面积与体积的比例需要以下几个步骤：

首先要算出第一个正方体的表面积，每个面的面积用公式“长 × 宽”可以得出。在这道题里，即1 × 1＝1。正方体的六个面相同，所以是6 × 1＝6。这个正方体的表面积是6cm²。

接下来，算第一个正方体的体积。体积通过“长 × 宽 × 高”可得，即1 × 1 × 1＝1。所以，这个正方体的体积是1cm³。

现在算第二个正方体的表面积。先用公式“面积=长 × 宽”计算出每个面的面积，即2 × 2＝4。正方体的六个面相同，所以表面积是6 × 4＝24cm²。

然后需要算出第二个正方体的体积。体积＝长 × 宽 × 高，即2 × 2 × 2＝8。所以这个正方体的体积是8cm³。

最后计算两个正方体的表面积和体积的比率。第一个正方体的表面积是6cm²，体积是1cm³，比率是6 : 1。

第二个正方体表面积是24cm²，体积是8cm³，得出的比率是24 : 8。为了更容易比较，可以将24和8都除以8，这样24 : 8就变成了3 : 1。这说明，当一个正方体变大时，它的体积会比表面积增加得更快。

第23页：成年鲑鱼更多。要算出这个问题的答案，首先需要算出1000的1%是多少。1%等于1/100或0.01，1000的1%是10。这就是说，有10条鲑鱼能存活到成年。

现在来看看小猫。你需要计算出5的80%是多少。80%等于0.8，5的80%是4，这就是说，有4只小猫能活到成年。

术语表

角：在平面几何中，是指从一个点引出的两条射线所形成的图形。

原子：构成化学元素的最小粒子，也是物质化学反应中不可再分的基本微粒。

分子：物质中能够独立存在，并保持该物质一切化学特性的最小微粒。

两侧对称：又称左右对称，生物中较高级的体型。通过主轴只能构成一个对称面，将生物体分成彼此对称的两部分。大多数动物都是左右对称。

侵蚀：物体在风、水、温度等作用下逐渐被破坏。

斐波纳齐数列：意大利数学家斐波纳齐发现的一个数列。

分形：一种几何形态，同样的形状以不同的大小反复出现，并组成一个相同形状的更大图形。

黄金矩形：长宽比为黄金比例的长方形。

六边形：有六条边和六个角的多边形。

熔岩：从火山或地面的裂缝中喷出来或溢出来的高温岩浆。冷却后凝固成岩石。

器官：构成生物体的一部分，由数种细胞组织构成，能担任某种独立的生理机能，例如由上皮组织、结缔组织等构成的，有泌尿机能的肾脏。

水蒸气：气态的水。

鹦鹉螺：生活在海底的一种软体动物，后端带有螺壳，口旁有丝状触脚，没有吸盘，用鳃呼吸。

规律：事物之间的内在的必然联系，决定着事物发展的必然趋向。

猎食者：以吃其他动物为生的动物。

旋转对称：一种对称形式。旋转对称的物体旋转一定的角度后，看起来仍与旋转之前一样。

比：两个同类量之间的倍数关系。如数字3与1的比通常写作3：1。

长方形：长和宽不相等，四个角都是直角的四边形。也叫矩形。

旋转：物体围绕一个点或一个轴做圆周运动，如地球绕地轴旋转，同时也围绕太阳旋转。

沉积岩：地球表面分布较广的岩层，由地壳岩石经过机械、化学或生物的破坏后沉积而成。

螺旋：数学上指围绕中心旋转的曲线。离中心越远，曲线的范围越大。

表面积：三维物体所有表面的面积总和。要算出一个物体的表面积，需要将它所有面的面积相加。

镶嵌结构：指结晶粒状结构的一种类型。在显微镜下观察，由自形或半自形晶粒组成，晶粒彼此镶嵌呈直线状接触。

体积：物体所占空间的大小。

神奇的数学事实

人的脸部特征——如眼睛、鼻子和嘴等，通常是按黄金比例排列的。

几维鸟是新西兰的一种小鸟，它的蛋与身体的比例是所有鸟类中最大的。蛋孵化成雏鸟时，雏鸟的羽毛已经发育丰满，并具备了独立生存的能力。

在圆网蛛织成的网中，蛛丝间的距离通常是完全相同的，所以它织成的网是近乎完美的圆形。

大多数海星只有五条腕足，但有些种类的海星腕足会达到40条以上，比如棘冠海星。不管海星有几条腕足，它们基本上都符合旋转对称。

每个细胞中都含有一种叫作DNA的物质，它决定了生物的身体如何生长发育。DNA的形状是一条双螺旋，很像一个扭曲的梯子。科学家们发现，像DNA这样的微观物体也是遵循黄金比例的！

图书在版编目（CIP）数据

自然中的数学/(英)南茜·迪克曼著;韩佳颐译.—郑州:河南美术出版社,2019.4
（奇妙的数学世界）
ISBN 978-7-5401-4706-8

Ⅰ.①自… Ⅱ.①南…②韩… Ⅲ.①数学—少儿读物Ⅳ.①O1-49

中国版本图书馆CIP数据核字(2019)第070204号

Thanks to the creative team:
Senior Editor: Alice Peebles; Illustration: Dan Newman; Fact checking: Tom Jackson
Picture Research: Nic Dean; Design: Perfect Bound Ltd

豫著许可备字 -2019-A-0059

奇妙的数学世界：自然中的数学

作　　者：（英）南茜·迪克曼
译　　者：韩佳颐
选题策划：许华伟　张　萍
责任编辑：张　浩
责任校对：谭玉先
特约编辑：张　萍
装帧设计：张　萍
监　　制：王兆阳
营　　销：童立方 / 朗读者
出版发行：河南美术出版社
地　　址：郑州市金水东路 39 号
营销电话：010-57126122
邮政编码：450000
印　　刷：河南瑞之光印刷股份有限公司
版　　次：2019 年 4 月第 1 版
印　　次：2019 年 6 月第 1 次印刷
开　　本：889mm × 1194mm　1/16
印　　张：8
书　　号：ISBN 978-7-5401-4706-8
定　　价：99.80 元（全 4 册）